U0159449

建筑与时间

从上古城市到当代空间

唐克扬 著

浙江人民出版社

图书在版编目（CIP）数据

建筑与时间 ：从上古城市到当代空间 / 唐克扬著
. -- 杭州 ：浙江人民出版社，2024.4
ISBN 978-7-213-11286-7

Ⅰ. ①建… Ⅱ. ①唐… Ⅲ. ①建筑设计－关系－时间
－研究 Ⅳ. ①TU2②P19

中国国家版本馆CIP数据核字(2023)第242345号

建筑与时间：从上古城市到当代空间

唐克扬 著

出版发行：浙江人民出版社（杭州市体育场路 347 号 邮编 310006）
市场部电话：(0571) 85061682 85176516

责任编辑：诸舒鹏　　营销编辑：陈雯怡 张紫懿 陈芊如
责任校对：何培玉　　责任印务：程 琳
封面设计：尚燕平
电脑制版：浙江新华图文制作有限公司
印　　刷：杭州富春印务有限公司
开　　本：880毫米×1230毫米 1/32　　印　　张：9.25
字　　数：188千字　　插　　页：6
版　　次：2024年4月第1版　　印　　次：2024年4月第1次印刷
书　　号：ISBN 978-7-213-11286-7
定　　价：78.00元

如发现印装质量问题，影响阅读，请与市场部联系调换。

ARCHITECTURE

AND

TIME

目　录

引子
建筑与时间
001

015　秦代之前:前221年前
与墙有关

027　北魏:534年
永宁寺塔的倒掉

053　395—1453年
驶往拜占庭

077　唐代:618—907年
村门树

091　晚唐:约836—907年
长安的传奇

101　宋代:960—1279年
地下的艮岳

113　元代:1271—1368年
在大都的阴影中

131　10—19世纪
阿尔罕布拉宫没有回忆

143　明末:约1600—1700年
一座园林的生与死

159　清末:1844—1911年
看见和看不见的苏州园林

167 1870—1900年
纽约的夜与昼

181 1930年代
橱窗的故事

189 1942—1944年
看不见风景的房间

205 1917—1937年
女性的房子

217 1960年代
不是梦,但也不是现实

225 1970年代
"新陈代谢":日本的和世界的

235 2011年
渐变的歧路

247 2017年
真实的虚假和虚假的真实

265 2022年
"数字建筑"的决斗

后 记

时间中的现代和人
281

引子 建筑与时间

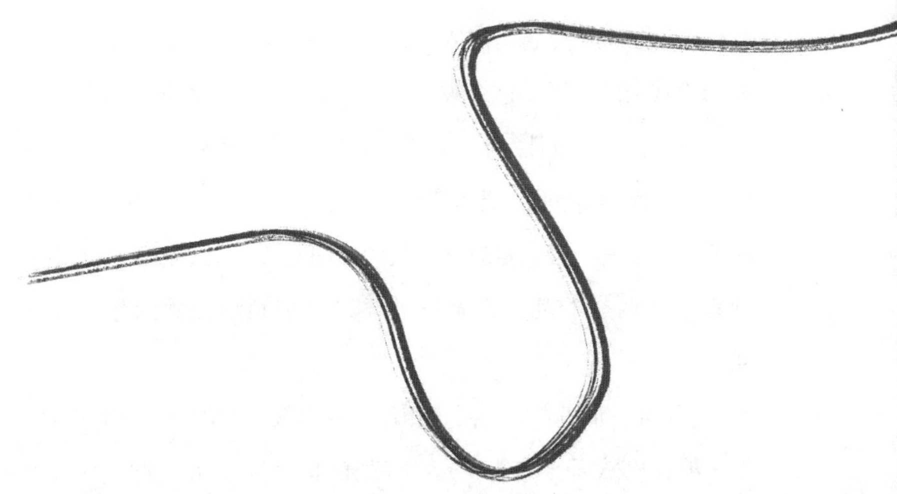

◀ 印度斋浦尔(Jaipur)的Jantar Mantar(作者资料)　字面意思为“计算装置”,这是一台房子尺度的观测仪器,走进建筑,人们理解空间也就是理解时间。

黑格尔说“建筑是凝固的音乐”——又是一个没有上下文而易产生歧义的例子。这个被人广为传诵的命题显然包含着某种悖论——音乐是时间性的。可是，建筑的基本属性应该还是空间的。建筑和沉默的、“此在”的现实有关，属于广大的、磐石莫移的基础结构。若一定要说建筑和时间有关，就好像说石头也会开花、河两岸的乱山在赛跑一样，只是某种美妙的相对性的联想。

“时间并非伟大的工匠，相反，它损毁它所触及的一切”（约翰·斯托巴欧斯《文选》）。将建筑和时间联系在一起，我们只会想到“破坏”两字。“（建筑）风化（Weathering）的作用可以看作数学上的减法……”莫森·莫斯塔法维（Mohsen Mostafavi）如此问我们：“但风化只能看作减法吗？它是否也可以是加法，对建筑物亦有加固作用?”从物理上看，建筑和任何事物一样总是处于持续的消亡之中，即使是锐利的石头棱角在千年之后也会变得圆润，原来青茬头皮般的建筑表皮在雨水冲刷之后显得分外沧桑。有时候，时间也会在建筑上加点什么，比如“沉积”作用会在建筑表面形成一种碎石沉淀，它事实上弥补了朽坏所带来的一部分建筑损失。

“沉积”同时也可能有另外一种完全不同的含义：有关“意义”。相对于物理材料的减损，不管风吹雨打，空间的“意义”总是在不断地增加。只是这种逐渐累积的“意义”不见得会像千层饼里的酥脆那样可口、可感，处于底层的意义往往被上层扰乱、遮没。正如考古学里看到的状况一样，我们看到的被岁月洗劫过的现场，大部分时候都只剩下了“表面”的价值——不过，且挖掘一下！其实，建筑比任何事物都更直观地提示了我们身边流逝的时间。这里说的“建筑”，不再是实有的、物理的表皮和内容，而是“时间”被物化为“世界”的一种途径。它确实是“凝固的音乐”！还原这种音乐的过程，就是对空间之中时间的“挖掘”。最终，它将向我们揭示出生命地层的内在。

——如此的“挖掘”，不太像考古队员对地层自上而下的穿刺，而是由内及外的萌发和绽裂。就像北极亿万年前形成的坚冰，那里面残存的遥远时代的空气，随冰层融化，虽缓慢，但终究会在阳光持续的照耀下一点点释放出来……

物品的时间

空间首先是由“物”构成的。这一点和一般建筑教科书上提及的正好相反——什么在大地上诗意地栖居呀，什么“场所之灵”（Genius Loci）啊……对于世界，人类的艺术的初次觉醒，其实未必一定关于一个遥远的“外在”。风景画很晚才成为一种独立的艺术样式，那些最初的工匠在手中孜孜不倦打造的大多数还是孤立的、没有空间上下文的“物”——解释这一切的秘密可能就在手中摩挲温热的物件，以及与它连为一体的身体的官能感受之中。尤其在远古，仰望的星空可能是过于神秘而力有不逮的对象，而一根木棍插在骄阳下标定了时刻，便是最直观的关于“变化”的征象。现代人难以理解的是，先民们的兴趣有时会聚焦于木棍的“内在”，而不是造成神奇日影的头顶上的“外部”原因——那往往超出人的直觉范畴，上帝说有光，就有了光。

各种原始时计因此成了第一批传达“变化”魔力的圣物，仿佛它们本身就是时间。地球围绕太阳旋转，太阳划过长空形成“黄道”，带来大地上不同的物候和光景，这个简单的事实要到很多年后才能为人们所“看到”和理解。那时候，也没有摄影这样的技术可以记录不同瞬间，然后将它们并置在一起“留住时光”。大多数时候，人们低头注视着自己的角落，感受到的只是浓缩在同一事物上的“变”。于是，围绕特定意义的物品，发展出了对于时间最初的隐喻。它们并不能呈现“流逝”的具象，只是依靠相关的功能和性状形成心理上的联想——对古代希腊人而言，这样的“物”可能是萨吞的镰刀（时间收割一切），首尾相啮的蛇（时间吞噬一切，包括自己）。在中国诗词之中，它们是有特殊声、味的更漏和香薰。古代徽州，等待在外丈夫的“留守女士”，苦熬中经常会在床头摩挲一吊铜钱。当铜钱上面的字迹磨灭殆尽的时候，她们的良人也永远不会归来了。

但是这样做的结果有时也适得其反。无数次的抚慰熨平了时间的留痕，物理层面被妥善地保护起来的个人化的历史，却导致了上文所述的那种“意义的减法”。自我循环且自我磨灭。最终，“变化”停顿并静止了，流逝的时间的印痕不再深入、发展。现在静静地躺在展柜里的都只是“物”而已——这一点对于雅好收藏各种古代物品的人尤其如此。我怀疑，那些执信于“物”并将它们带入墓穴的人们，根本就是为了忘掉时间，从而可以长生齐物，“与天地同寿”，这是一种悠久而古老的传统。唐代德宗时期（780—805）的何家村藏宝，就是这样一个例子：可能是在这一时期的一次变乱中（齐东方以为是泾原兵变），长安宝藏的主人匆忙将金银器和其他物品贮入大瓮埋藏起来以待来日——可是他似乎再也没有返回。于是，如果不是20世纪后半叶的一次偶然发现，这些凝聚着动人生活图景的“物”就等于不复在人间。

使得“物”从时间的网罗中逃逸而出的最关键因素，并不是兵变而是人情。这方面最有名的例子莫过于《兰亭序》了。被誉为“百代书法作品之首”的《兰亭序》其实是关涉一桩真实的事件。它真正的名称往往被人们漏掉一个“集会”的“集”字——

是《兰亭集序》而不是《兰亭序》。说白了，这是“天朗气清”的一个吉日，相约于兰亭的雅集者希望后代人能够记住他们聚会的一通宣言。讽刺的是时至今日，很多人已经记不住这篇序文的本事，他们记住的是作为书法范本的，如同玻璃罩里“蒙娜·丽莎”般的作为杰作的通俗声名，各种“转刻”的传奇与不菲价值……与王羲之的愿望相违。相传《兰亭集序》法书在人间并不久，就被喜爱它的唐太宗带入昭陵。更有野史云，这件“天下第一行书”被盗掘，最终落入不识文墨的穑夫野老之手，于是它遭受了何家村藏宝的类似命运……对于肉身朽坏的恐惧导致了对“物”的溺爱和疯狂攫取。时光洗劫了“物”之中的生命痕迹，如同“爱情征服一切，但时间征服爱情”。

场所的时间

一个人把目光从手中之物稍稍移开一点的时候，场所本身可能就是时间。因为，此时“永恒”不再仅仅依赖于具体而有限的信物，而是由特定的场所构成了一个可以不断搬演的剧目，仿佛一个每天都有节目的戏台。

如上所述，日晷把头顶上的时间转换为眼前的日影，虽然原理貌似简单，但这种原始时钟一般的计时装置是否有效取决于三个因素：投影面相对地面的角度（取决于当地纬度，必须和赤道球面平行）、一天之中的太阳高度变化（它引起指针投影在日晷投影面上的圆周运转）、一年之中的太阳高度（它决定了每天同一时刻的日影长短，以及这种类型的“赤道日晷”是否管用）。对古代人而言，要真正理解太阳入射角和时间变化之间的对应关系并不容易，因为能相对精确地表述这种关系的宇宙模型的诞生与普及是晚近的事情。于是，在印度的斋浦尔（Jaipur），一位土邦主建造了一台房子尺度的观测仪器Jantar Mantar——字面意思就是“计算装置”，可以使人们直观地感受时间运行的方式。它不仅包括日晷，还包括月食仪、子午线墙……这些仪器不仅是观测手段，同时也是一个巨大的几何空间。它同样有精美的铭文和装饰图案，但已不再是人股掌中的玩物。人的身体在穿越那些迷阵似的拱门和长墙的时候，“人”也成了时间度量的一部分。

时间的戏剧来自“系统”的设置。这种系统有点像那颠过来倒过去标记的沙漏，只是比后者远为复杂。在沉默的空间中，有一个时间的“结构”，置身于其中的人不能尽览，甚至也不太能看见；但如果我们理解了它的秘密，那么我们就可以通过改变它，模拟时间的运行，至少制造出它的假象，创生出玩弄它的戏码（舞台、演员、道具、演出程式……）——也正是在这最后一点上，由物品延展出来的空间获得了它的现实意义：它不仅记录变化，而且表征并重新创造着变化。

一个场所可以营造人们理解的时间的假象，源于对“无穷”的理解和模拟。在扬州的个园之中有一座“四季假山”，说穿了，就是把各色石头叠山演绎出四处的春夏秋冬。地处阴面、色泽如银，是象征冬季的雪石；暗示春天的是如笋尖般的青石；夏季有水波上蒸腾的湖山；秋天的夕阳，似乎永久地驻足在东边那座黄石假山之上……最值得回味的不是四季假山各自的艺术造诣，而是一个人同时置身于这“四季”之中的时刻。即使园子很小，严格说来他也只能依序体验。因此春夏秋冬还是在那里，四季分明。理想的游园者其实应住在这个园林之中。他可以沿着回环的道路，持续不断地漫步下去，岁岁年年，使他所处的园林内外达到一种真正四季同一的状态。空间的并置置换了时间的次第，但混融的空间最终带来的也还是对于时光流逝的体验。

然而，一个场所中蕴含的时间戏剧也有它的所止，园居者终究有走出这园林的一天。同样，一出戏剧终究是有限的，它不可能在狭小的戏台上无穷无尽地搬演下去。

路途的时间

由无始无终的时间中脱化而出，由有限的几所房子、三两小园中走出，抵达一种“在路上”的状态。中国人好像很早就已经明白这种一去难返的人生况味了，“子在川上曰”——水，或者是茫茫大水所表征的汗漫的风景，而不是有限的人类的营造，才是路途的空间化的象征。

不知道是否正是出于这种恐惧，真正的远行在古代世界的生活中发生的频率并不高，偶然有“在路上”的文学，都是“行行遂已远，野途旷无人”的哀戾（陆机《赴洛道中作》），由于“江湖多风波”，遂有了“今为某事，欲涉长途……欲祈吉道，仰托三尊”的远行发愿。唯一想得起来的称得上“绵延不尽”的建筑，就是长城。可是那时的长城并不是让一个背包客来沿着它漫步的，相反，它体现了一种拒绝和远离的姿态：它依赖眼睛而不是脚步传递信息——烟墩和烽火的存在，正说明长途旅行的无益。乔治·桑塔耶那说："尤利西斯惦念着伊萨卡，人的心房是本地的、有限的，需要自己的根……"可他又表达了游牧的需要："一个好的旅行者（在路上）越多吸收艺术和风尚，才越能体味到自己故乡的深度和愉悦。""没有比罗马更不了解罗马的地儿了"（彼特拉克），对于身处其中的人而言，一个保持静态的文化，即使过一千年也不会有太大的区分。由于"君门深九重"，在现代之前甚至我们的城市也是语焉不详、形容模糊的。

动与未动之间，时间之门一次次即将开启，可是这一刻被永久地延宕了，一直不曾到来而又似乎随时可能到达……中国古代与空间有关的艺术中有很多这样的把戏，比如曾侯乙墓漆棺上出现的供魂灵出入的孔，汉画像石中半幅面孔的女子图像。它们本身是有限的、静止的，却暗示出蓄势待发的情态，更不用说各种墓葬艺术中的"出行图"。它们都是一支不动的飞矢，自我矛盾的"永远出发中"（liminal）的时间之箭。

周而复始的时间结束了，而一段有限的旅途开始了。奇怪的是"永远出发中"。还未开始，就已结束，这样的时间不再仅仅是个永远不知疲倦的沙漏。

有过这样一段旅途的人可能是赵孟頫。元至正十年（1350），他由湖州被召去大都，船北上行经大运河的时候，留下了著名的《兰亭帖十三跋》。它开启了一段在历史长河里自我回溯的旅程，船舱成了一个既有限又动态无际的“工作室”。运河上的行船已经出发，“船窗晴暖”。艺术家每天都会打开从独孤和尚处借来的《兰亭》临写，同时也写下自己的感想，其成果被重新装裱为俗称《十三跋》的作品——这与其说是一件独立的作品，不如说是一份古今对话的现场记录：在一个西方艺术家看来，这件传世的“艺术作品”里面不可思议地集成了若干种不同的成分。赵孟頫临写的《定武兰亭》本身就已是原作的复制品了，《十三跋》中既含有赵孟頫的临本，还同时有他分13次写下的批注，甚至还应该包括今天已经不复存留的赵孟頫练习时的“课字”稿，它们都应该算成这件作品的一部分。

表面上艺术家一直都是在不停重复着自身，其实却有各种分别——拓本和刻本的差别、艺术家摹本与原作的差别、不同的临写之间的差别，这些差别放在“对话”的角度里便体现出它们的意义。如前所述，《兰亭集序》本身就是一种“视角转换”的历史书写游戏，“后之视今，亦犹今之视昔”，在观察过去的时刻已经开始转换自己的位置，成为假想中被观察的对象，创造艺术的同时又扮演着艺术史家的角色——随波逐流的同时又是岸上的那个观察者。这恰恰是想象中的时光旅行得以可能的秘密。赵孟頫再一次接受了兰亭的邀请，加入了这场大概永远不会终结的盛会。这一切，都因现实中确实发生的河上之旅，因为停停走走的13次角色转换，变得更加贴切和自如了：兰亭聚会里的兴会，也正是时间长河里一个船舱的窗口。

如同小园中的戏剧终将结束，这段旅行也会有个了结，那就是上岸的时刻。不同于野史中公然赚取辩机和尚珍藏的唐太宗，赵孟𫖯大概还得把他的原本还给独孤和尚。这也解释了故事不无遗憾的结局。因为“时间绑架美丽”，虽然意义释放和再次开掘的游戏可以无损耗地永远进行下去，但是肉身的荣枯仍有定时。当一段漫长的航程结束，岸上人情的盛衰已成不可逆转的景况。

也许，终场换人之后，兰亭的游戏还可以用另一种方式进行下去。

城市的时间

假使从蒙昧和混沌之中走出来的人终于抵达了他的终点，那么城市的时间该如何显现呢？在中古的城市中，钟声仅仅提醒着人们时间的流逝，“人民相见不相闻”。在一个面积大得不合逻辑、人群又远不如今日密集的地方，比如隋唐的帝都长安，宣告时辰的钟鼓要靠不同地点的群响才能真正传达到每个人的耳中，但这其中已有了某种“时差”——在唐代的传奇小说《李娃传》里，浪荡子拿这种“时差”作为他不再归家的借口，好接受虚情假意的娼家的邀约。

消除了“时差”的现代时间不再是个人的，而是集体的。艺术原本私密，只能被单独把握，可是今天属于我们的大都会生活确已变成复数。一个能让所有人看见的“公共时间”的意义，是把如此广大范围内人群的生活在一瞬间联系起来。它并没有耐心倾听和体认每个人的节奏，于是少数人的节日成了所有人的节日。与此同时，每个人都开始意识到“历史”（更长远的时间）的意义——“生年不满百，常怀千岁忧”，以及身外“世界”（更广大的空间）的存在——如“地球日”，“为地球黑灯一小时”。

“物品”将时间内化，“场所”设置了时间的模型，“远行”带来了时间的线条和箭头。城市则将时间公共化，“一段”时间融汇为浩瀚无边的时间的海洋。如此，虽然城市忙碌地致力于消灭空间的距离，但是在这样广袤的时间的海洋里击水，人们早已无须刻意远行。

公共的时间悬挂在钟楼之上。最初的机械钟表基于一个呆板的原理运作，和看日影必需的“此时、此地”不同，只要发条上得还紧，这一过程就会不疾不徐地进行下去——我们这才意识到，原来“俟我于城隅”“子夜吴歌”和真正的精准计量无关。它关于“时刻”，唤起的是一种与此相系的个人情绪，而不必定是集体的、看得见的“时间”。后者甚至与钟表的内在机理也没有关系。只不过，快及光速的视觉，让集体的时间变得协同一致了——只要“看见”，唯有“看见”。为了好让这样的“公共时间”能出现，钟楼要足够地高，最好直上云霄，表盘要尽可能大和醒目——时至今日，钟表可能是设计方案最多的一种生活用品。

刘易斯·芒福德写过，“时间”从此看得见了——除了我们前面提到的那种最基本的时间的模型（物品的、场所的、旅行的……），古代文明多处提示“时间”和“看见”的潜在关系。phane源自greek，它的意思是“具有……的面貌”，它的希腊语词源phainein也即“展示”“显现”，在起源的神话里，Chronos（时间）创生出“空气”和“黑暗”。时间创生出了空间，空间倒过来又使得时间得以显现。

值得注意的是phainein并不意味着“尽览”，而是时隐时现，它就是《歌剧院幽灵》（*The phantom of the Opera*）的“幽灵”（phantom）的字源意义。对于多样化的每个个体而言，当代城市中的时间也正像午夜幽灵一样，潜伏在不同的生命旅程之中。有些人在某个年岁不大能意识到时间的流逝，有些人则主动退出了这个公共的、可以使人沉睡复又醒觉的时间。

当隐和现的交响周而复始，一切又归于某种循环——比如“可见的时间”最终放大又缩小。由钟楼上巨大的表盘复又成了一块怀表，意味着时间往物品上的回归，就像意义的磨损与抛光，这个关于变化和沉睡永续的线头接上了。为了共同时间的准确，日晷设计者煞费苦心地调整装置和“标准时间”的差异，制成不太直观需要推演的图表，而被纳入怀中的时间又变得不为大众所知——即使不用计算复杂的公式，这样精确无情地转动着的一块怀表，也不是听惯滴滴答答更漏声的古代人容易理解的。更不用说那些石英钟、原子钟乃至离子钟，它们的精确程度已经远远超出了肉身官能感受的限制，指向一个远离我们的不可揣度的世界。

一切伟大的艺术都是关于时间的，关于意图永续的生命和不时来袭的死亡的变奏。建筑也是如此，只是它呈现意义的方式反而是磨灭——建筑的死亡和空间的再生。被转化的空间演生出无穷无尽的时间。

BALVSTRADE

秦代之前：前221年前

与墙有关

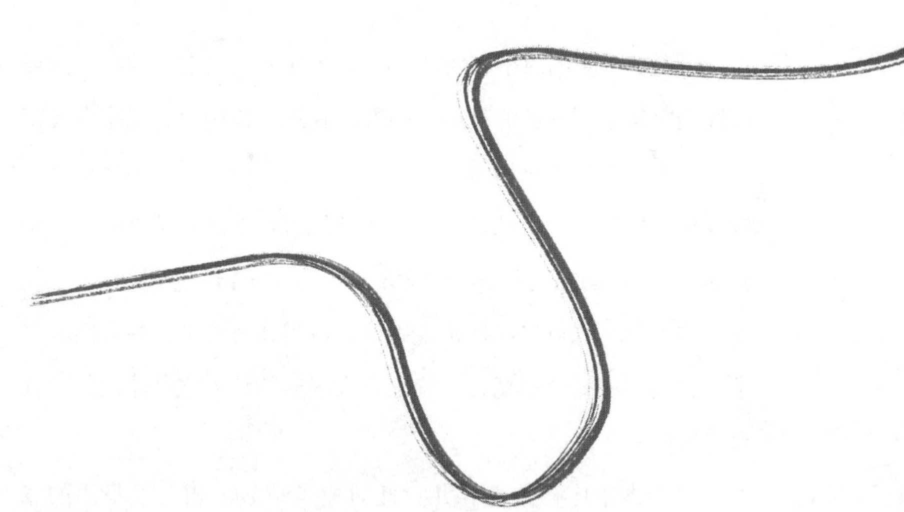

◀ 墙面—立面(作者资料)　麦基姆、米德和怀特(McKim, Mead & White)是20世纪初叶美国最著名的建筑师事务所。他们擅长以“布扎”(Beaux Arts)的方式处理建筑立面,虽然它们和建筑的“内在”常无必然联系。如果我们不把建筑形象理解为具象,而看作形式创生的载体,那么在此我们看到传统语境中的墙就至少有三种可能:缺乏形象的阻隔性表面(中国墙)、有形象—均匀的装饰性表面(常见于阿拉伯建筑)和有形象—古典建筑语言的构成,突出了某种“语义”。

已经数千年的故事，要从10年以前倒叙着讲起。故宫诚肃殿展厅当时发生了一起匪夷所思的失窃事件。2010年，我刚在“东六宫”之一的延禧宫做过一个有关古代文字的展览，早晚进出青铜器馆间的横街，因此熟悉这个区域的大致情况：诚肃殿本是紫禁城“斋宫”的后寝殿——所谓“寝殿”，倒不一定是真正“就寝”的地方，也可以摆摆祖先牌位，或是让昊天上神在人间享受下尘世的位次——毕竟，传统上古人起居的地方也是体现他们社会等级的所在。

这个本来庄穆的地界儿，此时成了“鼓上蚤”显身手的舞台。时间：午夜。继大刀王武和燕子李三之后，老北京好久没这么热闹过了——据说，那只是一个非常业余的贼，但他能神不知鬼不觉地混入大内深禁（而且因为身高的原因没买门票），用最原始的方法避开了先进的警报设备，并且进退有矩，在该出现的地方出现，该消失的地方消失。最不可思议的是，虽然该贼身形矮小，却能几个连跳从建筑物的屋顶蹿上故宫北边的神武门城墙，并从高达10米的地方一跃而下，毫发无损。

听着聒噪的导游喇叭，夹在纷乱的人流中。白天来过紫禁城的游客数不胜数，可是除了窃宝大盗之外，谁有幸在深夜去过故宫？那是万籁俱寂的当儿，现代文明的一切征象从这古老“城市”退潮的时刻。夜色如漆，星光黯淡，那只哆哆嗦嗦摸索在耳房门栓上的手，在11间游廊的柱影间摇曳而过的身形……他难道不担心，在殿前高台上会遭遇孤魂，由东一长街和毓庆宫里飘荡而来？这分明就是另一本意大利作家艾柯《玫瑰的故事》的开头章节。场景、道具俱在，比《盗墓笔记》之类难免玄虚的演绎精彩多了。

更主要的是，几乎大部分游客都不会留意这最后的一道边界（他们都忙着在城门处郭沫若题字的门额下拍照留念，然后坐上大巴一溜烟走了），隔着护城河，很难意识到城墙具体的存在。其实，自从大部分明代初建的北京内外城、皇城城墙被拆毁之后，这道完整的宫城城墙，已经是这个尺度上唯一的幸存。它成就了“城”的意义，是明代人经营自己生活空间的物证，和宫殿的价值没有差别。城墙内芯其实是土，但是内外两侧各砌了2米厚的大城砖，比一般的皇家苑囿围墙要结实多了，而且几乎没有倾斜的角度，人无法轻松攀缘而上，更不要说从上面跳下而不受损伤了。

有关故宫建筑的研究原本不少了，可是这期间甚少有真正的

“故事”。印象中涉及“故事”的只有朱剑飞《天朝沙场》(《建筑师》1997年第74期）这一篇（不过，那本书把所有在故宫发生的故事都归结为一个统一的“剧本”设定，因此所有意外出现的剧情，也只是这“剧本”现场发挥的结果)。

清宫戏、明宫戏当然也是某种意义上的“故事”，就是故事里的“皇帝”“臣子”看起来太假；开发商和楼书枪手合谋炮制的“故事”(“帝苑名居”之类命名）和这样的“戏说”其实也相去不远。它们共同存在的问题都有关人际的感受：电影导演（或者是水晶石数字科技等公司）随心所欲从高空推过去的镜头，真的是宫女妃嫔们看到的视角吗？电脑效果图里的质感，真的是“皇家俱乐部”感受到的品质吗？

既有空间也有故事，仅存在于建筑尚不是博物馆的年代里。我们大多数人的生活经验，都不足以支撑起我们对于“那个”时间里故宫的想象了——那个时间不属于我们，属于我们的曾祖父、曾曾祖父们。他们尚用怀疑的眼神看着大街上一切外来的西洋事物。那时，大街的主要建筑材料和城市里大多数建筑，包括城墙、宫殿、民居、街坊的主体材料是一样的——土。如果真的能拍摄一部有关“那个”时代故宫的电影，那么开场多半首先是像贝托鲁奇导演的《末代皇帝》的经典镜头，有关遮蔽一切的“墙”的：沉重的大门被打开了，人们由此跟随幼年的溥仪进入另一个时代……门里门外置换的，不仅是不同建筑约定的不同物质生活方式，也是人们通过建筑观看他们自己的方式。中国传统里对于“看见”有一种特殊的慎重，因此最能体现中国古代建筑的形象是没有形象，那就是韩非子所说的“见而不见”[1]。墙，因为和帝王南面之术联系在了一起，成了中国城市的特殊“立面”。

中国建筑的历史起源已经模糊不清。但是在漫漫的时间长河中，有一项事物保持大体不变——墙。它甚至造成了外人对我们这个国度的牢不可破的看法，连小说家都了解：“……在破土前五十年，在整个需要围以长城的中国，人们就把建筑艺术，特别是砌墙手艺宣布为最重要的科学了……”（卡夫卡《中国长城建造时》）

奥地利作家卡夫卡并非完全是臆测。围绕着中国古代城市到底是不是都有城墙，以及这种城墙是否推动或表征了早期国家的形成，曾经有过大量的学术讨论，可以形象地归结为关于“大都无城”的讨论。这一讨论在2016年考古学家许宏的一本同名著作中到达了巅峰。这里说的“城”，当然不是指整个城市，也不是指城墙以内的城市的“内容”，而是上古城市的城垣。人们关心的，不只是城市的边界之有无，而是它是否足够高，足够结实，用什么样的材料制作。换而言之，可以对窃贼、外寇和统治者/被统治者三种不同身份的人产生具体的意义。

毕竟，中文中的“城市”所得名，正是在于城墙。城墙有无，也就成了人们下意识中都邑和乡村聚落的不同，一部分专业考古学家甚至也认为有城墙才是城市。但是，“城墙”毕竟和建筑的墙不完全是同一个概念。希腊城邦国家，比如雅典的卫城，

1.《韩非子·主道》:“道在不可见，用在不可知君；虚静无事，以暗见疵。见而不见，闻而不闻，知而不知。”

字面意义是“上方的城市”，背依地形就自成一圈高大的石墙。欧洲中世纪的城堡的城墙，自身就是一座尺度难以忽略的建筑物。这些都是太实实在在的“城”，它们倒过来影响了我们对于中国城墙的看法。对现代人而言，古城墙即使挡住了城里一部分东西，依然构成城上露出的高大建筑的基座，是旅游照片的背景，很好的观光对象。

古代中国的筑墙术远不如现在这么发达，在现代泥瓦工技术出现之前，夯土墙很难做到绝对垂直，而是要做得很厚，底座很宽，和上端呈现明显梯形的关系。比例上，即使相比紫禁城城墙十度的收分，差得也很远。还有一个重要的指标：这样的城墙也未必像它想象中那般雄壮。对于肉身，两米高的墙就构成了不可逾越的障碍，但相对于尺度很大的范围而言，这高度却微不足道：在略有起伏的丘陵地形上，它可能更像是自然地形的一种延续，远看起来不大像是人工所为。

一个极为寒冷的早晨，曾经，我漫步在石峁遗址。按照大部分考古学家的意见，这是龙山晚期到夏早期一个非常神秘的城址，位于陕西榆林市神木县石峁村的一个山峁上。汽车直开到近处，才能辨认出来山脊线上那和黄土色融为一体的石墙，就像这城市就是山本身。

石墙纯用石砌，导水良好，不像有夯土芯的墙，渗水之后会导致墙体变形破裂。因此，可以做得直上直下，也用不了那么宽，砌筑技艺之高，让人很难相信这是4000年前人类的作品。但是放在整个景观的视野里，它也没有那么高，残存最矮的城墙不过三米，最高处也超不过紫禁城的城墙，还有一种特殊的多级石墙，一级比一级高。这不禁让我想起南美洲的印加圣谷（Ollantaytambo，Sacred Valley of the Incas），同样一级级石墙，结合着山势，神似“梯田”，爬着费劲，但是也并非那么难以逾越。

可以想象，其他中国文明早期的土城，就连痕迹都不太剩下了。在广汉三星堆、黄陂盘龙城，我看到的只是一个个不甚明显的“闭合”，四周或者一部分，有旱坝、田堤，土围子略微隆起，其他的依靠自然形势——和人们的想象不太一样，大多数中国城市中墙的存在，并不只是为了防寇缉盗，抵御外敌。边界，不一定是刀劈斧凿一般的绝壁，这，也许就是飞檐走壁一类事情还能存在的原因。在古城西安的明城，多年以前，我常看见三两孩子手脚并用，站在墙砖突出或凹陷的位置上玩耍。高兴的时候他们也可以爬上去，看上去既危险又刺激。这种游戏叫作“爬城墙”，类似现在的攀岩运动。

墙，更多挡住的是现代人盛产的好奇心，和如今时尚女郎的习惯正好相反：包裹得越严实，诱惑就越大。

墙的这种特性牵一发而动全身，它不是唯一的要素，却是所有建筑部件中一个至关重要的前设，比如，墙让门变得重要了。门不能随便乱开，还要进出有序。因为门是墙上唯一有“表情”的地方，所以门里闪现的一切，都会诱发墙外人对墙内世界的猜想——大多数时候，这种猜想是不准确的，因为类似故宫那样极厚的门，其实就是一条狭长的甬道，仿佛过渡到另外一个世界。

尤其是从南往北逆着光看的时候，它就像一台时间旅行机器的界面，在界面上出现的一切都只是眩目光亮里的幻象，没有正确的深度，也没有任何形象性的提示。

于是，墙加强了它两边世界的差别。通常是截然相反：紫禁城外的世界闹得天翻地覆，空旷的宫里却一如既往的肃静萧瑟。另一种情况，即使在今日中国的城市中也很常见：大街上车马冷落，走进狭窄的小胡同，立刻是另一番热闹景象……寻常人总是把墙看作讨厌的东西，可是，墙同时也是一个紧密的社区形成的必要条件。没有这讨厌的墙，墙里的人们怎么好做梦呢？

人们很难没有征服墙的愿望，只是程度不同罢了。在明史、清史之中发生过多次的非正常事件，都没有10米高的紫禁城城墙什么事。比如，万历四十三年（1615），一男子提着一根木棍就冲进宫里去杀太子的“梃击案”，丝毫没有武侠小说里天外飞仙的潇洒，就是和前面提到的故宫盗宝事件比起来，也差得远了。比较而言，若是论调戏墙的方式，还是唐人的想象来得精彩，“昆仑奴”的故事就是这样的：姓崔的书生看上了歌妓红绡，可是墙内的东西毕竟不属于他，更何况红绡的主人是一位权倾朝野的大将（据说就是《打金枝》一出戏的主角郭子仪）。这时候他家里的老仆昆仑奴磨勒站了出来，帮崔生实现了自己的愿望。据说，具有这样素质的“昆仑奴”是从非洲来的跳高冠军，在禁卫围捕中磨勒是“飞”出高垣的。他挥动双臂就如同鹰隼一般，下面郭将军的打手们“攒矢如雨”也不能把他怎么样。对他这种弹跳力好的人而言，这些墙就不存在——在磨勒那里，由墙头组成的纵横网络成了二层立体的高架大街。

因此，不算高的中国城墙也是具有戏剧性的，并没有看起来那么严肃：水平方向它抑制了某些故事的发生，但垂直方向看起来，它也可以变成城市故事的舞台。

人类建筑的终极使命是和重力作斗争，真实的城市是平面的，匍匐在墙的脚下。想象归想象，日常的生活中难得有一点冒犯墙的事迹作调料：如果有，除了无法无天的盗宝贼，也有“好意的都市主义”。比如法国建筑师勒·柯布西耶，希望取消一切边界。不要说正式的围墙，就连楼和楼之间的遮挡都最好减少，建筑的底部可以自由穿行。这样，城市就变成了既理性又浪漫的花园和草地。

取消墙，也就取消了差别，取消了想象。像20世纪初的“城市美化运动”那样的天真理想，认为所有的人都会喜欢宽广无遮的林荫大道。但是，没有人能真正取消墙。因为，人性有时候也需要犯规的乐趣。千百年来，城市就在建起墙和推倒墙的纠结之中，反反复复。

只是，我好奇的是，何以从那么久远开始，中国的城墙里就有了数量如此惊人的，甚至是缺乏必要性的关于尺度的“内涵”？远在信史时代之前，石峁遗址就有了那么大的面积（425万平方米，相当于边长2千米的一个正方形）。南方的良渚遗址有290多万平方米，稍逊之。它们，以及上古时期的很多朴茂的“城市”，都达到或者超过了域外此前那些最著名的城市的面积：比如乌里克（繁荣于前3800—前3200年），摩亨佐达罗（前2600—前1800年）和哈拉帕（繁荣于前2500年）。不管是在东南的水田间，还是起伏剧烈的黄土高丘，先民们似乎对立体、攒集没有兴趣，只顾在二维上铺开。城市的人口密度并不相称于它的规模。这个特点一直延续到很多近代有城墙的城市，城市内常常留有大量的空白。要知道，聚集区越分散，城市周长便越长，建设城墙的成本便越昂贵，城墙便不容易修得高、固，用作防御时，便常常捉襟见肘。在一些地方，还容易造成实际的困难，比如不便通信、取水。这样做的意义是什么呢？

是大，还是"庞大"？

我问过一位著名的考古学家这个问题，他摊开手做个表情说，我哪知道。

这是一个敏感的话题，也是一个重要的问题，因为它和当今城市建设的某些类似特点的合法性有关。在听他讲课的时候，我在纸上画了些不太难表现的城市尺寸的关系：相对于频繁提到的中心而言，不大使用的边缘部分的功能就计算不清楚，可以忽略不计；相对于在城里走过的漫长距离来说，墙的高度可以忽略不计……但是一个人会确凿无疑地看到这条"花边"，因为它毕竟很长，就和万里长城据说在月球上也能看见的逻辑一样。烁烁闪光的夯土或者石墙，仿佛一道有魔力的风景，就像印加人在大地上留下的神秘的图案，远看会更加清晰。

还是卡夫卡，他写道：

我们的国家是如此之大，任何童话也想象不出她的广大，苍穹几乎遮盖不了她——而京城不过是一个点，皇宫则仅是点中之点。

北魏：534年

永宁寺塔的倒掉

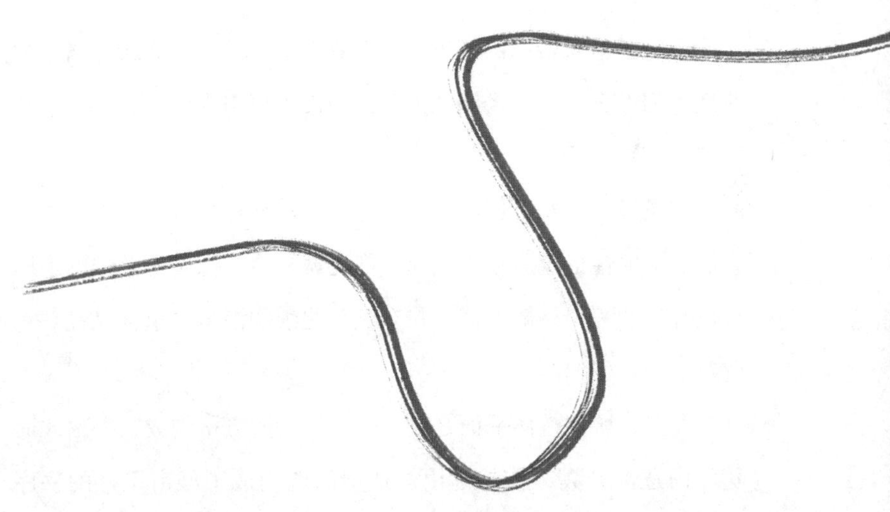

◀ 响堂山石窟千佛（作者资料）

经历了秦汉帝国的辉煌，对于在公元5世纪来到新都洛阳的北魏王朝而言，在已经够“大”的城市中要引人注目，必只能从“高”上做文章了。

如果说，先秦大城市之间还有着这样那样的差异，很难想象它们的一般性形象，那么在《大都无城》中，许宏所总结的中国古代都邑的三个一般特征，在东汉至北魏的洛阳城里都已经孕育成熟了。

首先，城市整体平面是以一个个均一的方格构成，哪怕北面随邙山逐渐升高，依然是由一道道的墙构成了城市里外的秩序（外郭墙结合了山谷间起伏的地形）。这种正交体系的方格，“井田”格局，而不是随着自然地形盘旋蛇行的山城，才是接下来近两千年中国城市发展的主流。

其次，在北魏时期初创的里坊制度（事实上它的形成可能比这更早），既是城市空间的物理形式，也是一种管理制度，仿佛给上述的平面结构注入了实质性的意义。一般说来，一个里坊通常有着自己明确的边界，就像构成现代“格栅城市”（grid city）的基本单元。但同时，无论“坊”和“里”都不囿于一个现代意义上的“街块”（block）——比现代城市更具把梦想转化为现实的能量。提到北魏洛阳的“大”，按照以俞伟超为代表的一些学者的意见，这座城市的物理规模甚至超过了封建时代的一切皇都，包括隋唐长安。这个说法虽明显有争议，但它足以证明这座城市“癫狂”的气质。

最后，是中轴对称——这一点作为中国古代城市的特点恐怕还略有争议，因为整个城市很少在几何意义上是完全对称的。同时，只要是礼仪性的建筑，又没有哪个文明绝对缺乏这种对称。但是确实，当你盯着以上所述的方格子城市，很难不把注意力集中到通向无比重要的中心的那条大道上——对于极少能踏入这条神圣的道路的普通人，中轴线更多是心理意义上的，是被感知到的，而不是实际能走通的。

在建筑学意义上，中轴线其实并没有多么复杂。它只是在没有偏倚的原则中，被强行制造出的特殊。因为吸收了两侧可观的能量，它不能不变得无比重要。当尼禄已经在斗兽场中观看人工搭设布景的海战时，汉代人喜欢的花样另有寻处：比如“西北有高楼”。出土的东汉文物中有不少楼阁的陶制明器，很多形制相当夸张，高达五到七层。再比如“巍巍汉阙”，对后世宫殿的形制都有莫大的影响。不过，和同时期的西方建筑相比，这些建筑原型的绝对高度应该并不算什么——受到土木结构本身特性的影响，它们不大可能建得很高。尤其城市太大，与前述城墙高度和城市面积的关系道理一样，远看起来，就算是一座10米高的木结构阙楼，本质上也只是一座望楼，和夯土城墙的体量/规模有很大差距。

但这种状况，很快就要被这座城市的新主人打破了。

奇观

拓跋宏，也就是我们熟知的，在公元5世纪末把北魏国都从平城（大同）迁到洛阳的孝文帝，已经确立了一座新建筑的无上地位，“城内唯拟一永宁寺地，郭内唯拟尼寺一所”（杨衒之《洛阳伽蓝记》）。作为中国历史上少数民族出身而被奉为正朔的为数不多的君主，他在东汉废都的基础上重建了洛阳。它是他千秋事业的纪念碑。作为北魏首都规划的唯一法定寺院，永宁寺享有国寺的地位，壮丽已不待言。寺院内更有一座9层佛塔，高达90丈。顶上有10丈高的金色刹竿，合计离地（据说）1000尺（北魏尺约合今天30厘米）。这座塔在距京城百里之外，人们从京城内已能遥遥望见。

北魏末年的小官吏，永宁寺塔的亲历者杨衒之，不遗余力地描写这座塔的高大。他从以下几个方面来说明：宝塔尖端的刹竿上有容量达25斛的金宝瓶——斛是古代的计量单位之一，一斛等于十斗，一斗又是十升，孝昌二年（526）狂风，这么大的宝瓶被刮落在地，竟然“入地丈余”，由此可见这2500升的宝瓶的巨大和沉重；宝瓶下有11层的承露金盘，系有4根铁索，从刹竿伸向佛塔四角，上面都垂着金铃，而这金铃每一个都如小口大腹的陶瓮；佛塔9层，每一转角都悬有金铃，上下共130枚；佛塔四面，每面三门六窗，门上各5行金钉，全部加起来有2500枚金钉。作者最后总结说：

> （永宁寺塔）殚土木之功，穷造形之巧，佛事精妙，不可思议。绣柱金铺，骇人心目。至于高风永夜，宝铎和鸣，铿锵之声，闻及十余里。

后人或许会怀疑杨衒之的描写是否夸大其词。直到1949年中华人民共和国成立以后，考古队员来到偃师市首阳山镇一个叫作龙虎滩的小村落，挖开麦田里一座高大的、被讹传为“汉质帝之静陵”的黄土堆，人们才发现，杨衒之的记述离事实相去并不远。就在这里，人们找到了一个2米多高、39米见方的塔座，不紧不慢地走一圈需要2分钟。塔座下的塔基广达百米见方，夯土深至9米，按照古塔的高阔比（高度和地基）一般为4∶1至5∶1之间的经验，根据考古学家的谨慎推测，永宁寺塔“应该”可以达到140米的高度。虽然没有1000尺那么夸张，但也是中国现存最高木结构建筑应县木塔的整整两倍。

在陇海铁路南，今天我们可以望见的那座古代遗址就是它了。早先坐绿皮火车，以及今天乘途经的车次的人，经过白马寺东行，放眼路南侧广袤的农田之间，没有浓密树荫遮挡的话，也许尚能看得见那丘稍稍高出的土阜。

不管是城还是寺塔，重点全是视觉奇观。从前述所说的一个由于墙而全“不可见”的极端，转移到了“不可思议”的另外一个。

如果不是非常熟悉考古图纸和文本的人，很难把这个恢复后的土阜遗址，和一座中古世界的超级都市对应起来。在实地看，废墟的尺度没有想象中那么夸张，其实，这是因为我们已经在现代城市中看过了太多高楼的缘故。比起罗马人就已经大量使用的混凝土，土木结构所能做到的相对有限。以当时的工程技术条件而言，建起相当于今天40层楼高的建筑，并非不可能，但有着巨大的风险。史传南朝的刘宋欲建一座10层高塔，企图创下新的中国纪录，结果失败，只好改建2座5层高的塔。直到约500年后五代名匠喻皓所在的时代，建好的寺塔塔心刹柱摇动，甚至由此导致塔身一分为二的情况，也还时有发生。

永宁寺塔的与众不同，在于它是一座楼阁式塔。

众所周知，塔起源于古印度，原本是一种佛教建筑。据说，2500多年前，释迦牟尼涅槃之后，弟子阿难等人将他的遗骸火化，烧出了色泽晶莹、击之不碎的珠子，称为“舍利”。佛塔就是掩埋舍利的所在。众弟子在各地为舍利修建“坟冢”，“坟”顶立一根尖刹。这种建筑，梵语称为“Stupa”，汉语译为“堵婆”“浮屠”“浮图”等。到了汉末，塔随佛教传入中国，印度塔的建筑形式与中国的重楼建筑结合起来，便形成了具有中国特色的各种式样的“塔”——如称“宝塔”，即是极言其庄重和神圣。

释迦曾经以塔喻己，不管是埋藏经卷，还是舍利，塔的最初含义其实都是“道身”的具体形态（embodiment）。如果要解释塔的意义，就不能不牵涉塔的体量形制和安葬佛身的功能之间的关系。它首先是满盛的“容器”，其次才是建筑的“空间”。早期的“浮屠”，譬如山东神通寺四门塔，以及后来次第引入的一些佛塔样式，例如明初印度僧人班迪达在北京协助建造的金刚宝座式塔，尼泊尔工匠在元大都设计的白塔等，大概都可以算是一种“非空间”的“观念性建筑—雕塑”。它们要么是实心或基本实心，不能登临，要么个头很小，内部狭窄，也并不鼓励人进入。所谓观念性的建筑，并不能按一般“计无当有”的方式体验，它们的“内”“外”畛域显然有别于一般建筑，无所谓什么流线和序列。它们的体量、尺度和立面也不能以寻常眼光看待。无论佛塔多高，既是“道身”，就无所谓“几层”。

这听起来很是玄虚，其实并不难理解。举个例子来说，在博物馆中，一个人可能会很在意浏览画廊的次序，考虑在空间中行动的先后，而在家中的时候，他的动观显然就变成了静览——他不再需要刻意考虑房间之间的主次。原本秩序分明的公共的空间，此时已经变为弥漫的、无处不在的亲密场所。这一场所已成为知觉性的“身体”的一部分。同样的道理，对于佛塔这样的“观念建筑”的体验，主要取决于感受空间的精神路径，这精神路径是由宗教仪式所界定的——神游浮屠时，到底是由怎样的

“观想”引导或者迟滞着一个人的前行？

塔的风格流变的一个关键时刻出现在北魏。这个时期的“天下之中”洛阳，大概是在上一段历史时间内修建“高层建筑”最多的中国城市，它坐实了汉代人对于高空的艳羡。在昔日多半低伏的建筑的屋瓦之上，这些“高层建筑”点缀在水平天际线上，一定使人印象格外深刻。质量同时又乘以数量，除了“阎浮所无”，尤其出跳的永宁寺塔，洛阳城中还有数不清的各种小塔，比如《洛阳伽蓝记·瑶光寺》载：

> 瑶光寺塔有五层浮图一所，去地五十丈。仙掌凌虚，铎垂云表，作工之妙，埒美永宁讲殿。

北魏洛阳既有不可登临的密檐式塔（例如今天还可见到的嵩岳寺塔），也有可以一览高处风光的楼阁式塔。在塔与汉地建筑结合的初期，塔的内部本是用来放置圣像、供信徒礼拜的。信徒入塔谒像，便是使自己纳入旋转不已的佛教思想的“观念空间”之中。因为宗教仪轨的关系，这时候塔的圆形或多边形平面和“曼荼罗”式的原初世界模式之间，还有着紧密的联系。类似嵩岳寺塔那样的“层数”仅仅是一种虚托，既不反映实际的建筑结构，也不代表塔的宗教内涵。可是，随着北魏佛教的汉化，塔这种观念性的建筑被改造了。它成了一种可以游历逗留的“高层建筑”——楼阁式塔。除了“旋转”之外，楼阁式塔不断增加的实在的层数，便意味着另外一种可能性：人的登临。

汉代乐府诗歌里有关“高”的歌咏，源于本土的仙人思想，到了南北朝时代，登高望远成了一种新的时尚。汉代长安的皇宫建筑都分布在地势较高的城市北部，而洛阳西北也有魏文帝曹丕所筑的凌云台，孝文帝将台纳入自己在千秋门内道北建立的西游园中。台上“八角井”北造凉风观，登高远望可以“远极洛川”。初期的高楼无疑同时带有军事堡垒的性质，支配性的视角也象征着高楼主人的神圣，无论“碧海曲池”或“灵芝钓台”都是累木为之，去地数十丈。其中有应景的列仙与石鲸，勾画出一个“风生户牖”的、“云起梁栋”的、悬浮在尘世之上的世界。

登高

但是，制高点也可能反过来为你不喜的“他人”所用，这居高临下便有了两面性：一方面，在平面低矮的中国城市里，这高塔毕竟还是一种神圣可畏的象征和地望；另一方面，一旦向大众开放，它又成了一种俗世好奇心的承载物，人们争相登临佛塔，体验“下临云雨”的惊悚和快感，原本隐藏的秘密现在都在望中了。

一切都是从一个女人开始的。

这个女人便是赫赫有名的胡太后，也就是北魏宣武帝元恪的嫔妃，孝明帝元诩的生母，因为姓胡，史传上常常把她称为胡太后。胡太后出身低微，但在北魏的宫闱斗争中，罕见地生存下来并成为强者——有鉴于两汉两晋的外戚之祸，或许也和游牧民族的风俗密切相关，北魏的开国君主拓跋珪定下一条令人不寒而栗的规矩：立太子则杀生母。由此，北魏的嫔妃们都宁可生诸王、生公主，而不想不幸成为太子的生母。胡氏却偏偏母以子贵。在这种野蛮的风俗中，她奇迹般成为一个活下去的例外。

这个胡太后不仅是政治斗争中的强者，也像历史上其他的女强人一般，是个精力旺盛的折腾能手——或许，在一个权网交织的男性社会中，女性想要立于不败之地，非得以一种非常的方式介入政治才行。而这种非常方式所激发的能量，有时会导致令人啼笑皆非的后果，产生富于色彩的历史故事。[1]

在晚年杀子废帝走向覆灭之前，无论是龙门的石窟寺还是永宁寺的国家工程，都有着胡太后的身影。这些土木之功动用万夫，花费惊人，但建筑技术并不是故事里最精彩的段落。无论"大"，或是"高"，要有正当的理由。在独尊永宁寺时，孝文帝的本意是要抑制佛教在世俗政权之外无节制的发展，可他没有活着看到它的建成。太和十八年（494）迁洛，5年后，他就在军旅中去世了。据说，当初永宁寺塔挖地基挖掘到地下水时，意外发现了30尊金佛像。胡太后和积极推行此事的当朝者，因此完全改

1. 除了身手敏捷之外，在传统历史学家的心目中，这位爱折腾的胡太后颇能以"秽乱后宫"闻名史册。据说，被她逼为面首的情人中，包括练习北碑《杨大眼造像题记》的书家们无人不知的杨大眼将军之子杨华，后来她还写了一首《杨白华》歌辞来怀念远走高飞的情人："……含情出户脚无力，拾得杨花泪沾臆。秋去春还双燕子，愿衔杨花入窠里。"杨华和胡太后的不正当关系实在算不了什么，在"国史案"中，北魏前期的名臣崔浩，就是因为如实描写北魏皇族的秽乱情形而招致杀身大祸的。对以荒淫残暴出名的南北朝而言，上层人物错乱的伦理关系，这只是冰山之一角而已，前有西秦的苻生、后赵的石虎，后有北齐高欢的子孙……

变了孝文帝最初的政策。她和她的党羽宣传说，这是上天鼓励信仰佛法的先兆，所以永宁寺塔的建筑规模需要分外出格——孝文帝去世仅仅二三十年，洛阳的佛寺便达到1000多座，早已是“分外出格”了，比起“南朝四百八十寺”只多不少。

神龟二年（519）八月，胡太后驾幸永宁寺，想要亲自爬上她一手缔造的那座9层佛塔看看。大臣崔光赶紧上表劝阻，写了一篇现代人看来恐怕是超级迂阔的文字。他引经据典，从《汉书》《礼记》《春秋》等找了一大堆不能爬高登塔的理由。其中伪托《内经》的一段文字值得注意：

> 宝塔高华，堪室千万，唯盛言香花礼拜，岂有登上之义？（《魏书·崔光传》）

崔光无疑深谙女性心理。虽然“永宁累级，阁道回隘”，但他当然知道，胡太后在宝塔上扭了脚伤筋动骨的可能性其实并不大（她素以体格健壮著称）。然而，真正的危险在于“游乐”对于“礼拜”之义的伤害，在于高塔上不受约束的眼睛——同样不受约束的还有心灵。一旦她们嘻嘻哈哈开了头，上行下效，登高望远成为这座城市的风尚，一切恐怕就再也难以阻遏了：

> 远存瞩眺，周见山河，因其所眄，增发嬉笑。未能级级加虔，步步崇慎，徒使京邑士女，公私凑集。上行下从，理势以然，迄于无穷，岂长世竞慕一登而可抑断哉？（《魏

书·崔光传》）

太后与若干宫女登临之后，大概自己也被她们所看到的吓了一大跳。

法国哲学家米歇尔·德·塞托（Michel de Certeau）把城市经验依高度划分为两种：摩天大楼上的孤独瞭望者和地面上的城市步行者。后者是片段，但却是更为真实的人和城市的关系，前者则会有一种全知全能的错觉——在孤立之中，他看见的，是可望而不可即的城市的“平面”。没有预设多少高层建筑，同样缺乏漫游者所需的人身自由。中国中古城市的营造者，向来使用大略的象数比附来规划城市空间，什么天尊地卑，四面八方……都是一种想象的图形，俯瞰城市的全景画很少有人能体会。直到200多年后的中唐，登塔赋诗才解除了它内含的仪式禁忌。但在此时，把建筑的高度视若游戏还是非同寻常。女人们登临永宁寺塔后，突然惊怖地发现，那里“视宫中如掌内，临京师若家庭”——这还了得!

此后胡太后之流大概未再大举登高，但梯未撤，塔犹在。这，就为门禁森严、垣墙拱卫的帝京的神圣意义，留下了可以致死的“命门”。“远存瞩眺，周见山河”——这种眼睛的自由，带来的终将是心灵的纵溺，就如崔光准确预见的那样，“因其所眄，增发嬉笑。未能级级加虔，步步崇慎……”，于是“上行下从，理势以然，迄于无穷”。

这种节制和贪求、禁欲与放纵之间的冲突，既催生了中古时代最高大的木结构建筑永宁寺塔，很可能，又是同样的理由，让它面临着前所未有的危机。

从“仙人好楼居”到“宝塔高华”，永宁寺塔的现实和起源带来两种不同的奇观：一种是丰盛的世俗乐趣，需要合乎礼法，却更不得不顺乎人情；而另一种意在使人叹服，甚至产生某种荡涤心灵的超拔感受。本来，它们未必不暗自相通，这短短生命的洛阳，之所以能超越前代风流，更合理的解释，便也潜伏在这种使人情不自禁的奇观之中。比起在中国本土稳健发展的道教，似乎没用多少时间，初次传入中国的佛教就背离了它在天竺山野中的原意，并为中土点燃了华丽烁烁的荒谬时代。《洛阳伽蓝记》载，波斯国的胡人来到中国，见到“金盘炫日，光照云表；宝铎含风，响出天外”的永宁寺塔，就连见识过印度佛教之盛的他也不能不“歌咏赞叹，实是神功”。他感叹说：“年一百五十岁，历涉诸国，靡不周遍。而此寺精丽，阎浮所无也。极佛境界，亦未有此。”

成长与控制，是城市发展中的两个主要因素。在北魏洛阳短暂的生命中，它们齐头并进了一段时间。终于，奇观的洪水冲毁了它本应同样坚固的堤坝，梦想和现实不可避免的对决到来了。

变和乱

528年的“河阴之变”是北魏迁洛后的转折点。来自代北的尔朱荣部落借着“勤王”的机会，以军事实力坐大而入主中央权力，打着“清君侧”的旗号镇压了胡太后一党，迎立长乐王元子攸为帝，是为孝庄帝。尔朱荣自任众多职务，专断朝政。此后，尔朱荣并未就此罢手。这一年的四月，他就在黄河南岸与洛阳之间的河阴地区，精心筹划了一场大屠杀。除了诛杀胡太后，他还将受骗前来列席会议的王亲贵族、文武百官屠戮殆尽。一时间“诸元丧尽”（元，是北魏皇族拓拔氏专用的汉姓），“王公卿士及诸朝臣死者三千余人”，新立的庄帝“肇升太极，解网垂仁”，前来报到的朝臣，只有散骑常侍山伟一人。

尔朱荣大权在握之后，洛阳全城依然处于震恐之中，“二十日，洛中草草，犹自不安，死生相怨，人怀异虑”。城中一朝掀起了大逃亡的狂潮，“贵室豪家，并宅竞窜。贫夫贱士，襁负争逃”。庄帝于是出诏，对“河阴之变”的“滥死者”予以追恤，分封新党的同时也安抚旧朝士，“三品以上赠三公，五品以上赠令仆，七品以上赠州牧，白民赠郡镇”，“余官皆如故”。洛阳“于是稍安”。

——“河阴之变”，代表着一个只手推动历史车轮的事例。它使人想起中外众多的类似变乱，例如太平天国韦昌辉杀尽杨秀清势力又反被消灭的“天京事变”。

仅仅一个季节，或者一个月内，甚至半日之臾，整个时代的走向就被改变了。

接下来的事变，就宛如连珠骨牌般纷纷敲响，一发而不可收。尔朱荣扶植他的傀儡孝庄帝掌权之后，孝庄帝不满尔朱荣专权，反过来设计骗杀了尔朱荣，从而引发了血债血偿的另一场屠杀。就如孟晖所说，这一场变乱的经过与结局全然是“好莱坞式”的。北兵从黄河北岸直下洛阳，但不得渡。孝庄帝原以为有险可据，胜券在握，岂料，坏天气意外到来，黄河居然冻上了。结果尔朱荣的侄子尔朱兆从冰面上逾越了黄河天险，直入洛阳，在太极宫大殿上擒获了孝庄帝。

按说，这已经是中国历史叙事中天大事变的开始。可是，和寻常祸乱给人们的印象相反，“河阴之变”并不意味着洛阳城市的即刻毁灭，甚至就连洛阳伽蓝平日的盛事也未受什么搅扰。相反，在这场宫廷惨案后的若干年里，洛阳的社会生活获得了不受约束的持续“繁荣”。于是，整个城市进入了无序的狂欢，一种颇为奇特的集体癫狂——这种狂欢催发了建筑层面的骚动，续写了“癫狂的洛阳”的大势。

在那个瞬息即逝的春天里，“繁荣”和变乱，两种本是天差地别的人间世，有着短暂的重影。

528年的“河阴之乱”后，洛阳的新增佛寺大多和“舍宅”有关。只有那些已经死去的贵族才是“好贵族”，敛财聚富的生涯到了尽头，纵不愿“舍”也无计可施了。如今“舍宅”有了一种并行的说法：“题寺”——舍宅还算主动捐献，而题寺则多少有点被动转让的意味。虽然所题的寺庙大多还以原主人命名，但是实际已和那九泉下的捐助者没了太大干系。也许是僭越者的蓄意而为，失去世俗政权力量控制的大小佛寺，向整个城市短暂地分享出它们的精彩，成了一座座奇特的公共舞台。在网罗严密的传统社会里，难得一见。

休言寻常的洛城人可以置身事外，在这一过程中得到极大满足的，并不在少数。毕竟，除掉在中间得些小利的贪婪“渔翁”们，再刨去野心勃勃的军阀和政客，无度狂欢中人性一路堕落的，还都是些洛阳的普通看客……

这种诡异地繁荣着的世相，也是《洛阳伽蓝记》斑斓的图底。对拓拔的公子王孙们而言，河阴以来的变乱无疑是场彻头彻尾的悲剧。尔朱荣的堂弟尔朱世隆专权，胁迫寿阳公主至洛阳，想要强暴她。公主痛骂道：“胡狗，敢辱天王女乎！”——元氏家族其实同是鲜卑血缘，对秀容部落出身的尔朱氏的这种蔑称里，分明展示了鲜卑人“汉化”的成果，表达了“正统”对于种族出身的新认同。世隆大怒，勒死了公主。拓跋王朝迅速式微了，就如同洛阳故城的命运一样，精华丧尽的他们再也没有恢复过元气。讽刺的是，一段时间里，一手策动这场变乱的尔朱氏成了洛阳的监护者。说来也怪，就在神都的一片大“乱”中，当那强奸未遂的尔朱世隆坐镇洛阳时，这座城市反而“商旅流通，盗贼不作”。

这短暂的太平时光，可归因于尔朱家族对自己的刻意美化，但是，更可能的原因不过是，“河阴之变”以后，洛阳作为北魏王朝壮丽都城的价值犹存。它就像一枚熟透了的果子，尔朱氏有理由先留着它慢慢享用，这既是壮大自己，同时也是对皇族正统的持续削弱，以便“徐徐图之”。要知道，使得原有秩序的象征意义耗尽的最好手段，莫过于让这关乎尊严的世界在同一个容器中颠倒，让最神圣的成为最卑贱者，最卑贱的骑到他们主子的头上。

阊阖门御道北的瑶光寺，本是世宗宣武皇帝所立。瑶光寺的特殊之处不仅仅在于它尊贵的区位，在于它和皇宫千秋门内道北的西游园、碧海曲池一类相近，在于它和皇族的特殊关系；它的独特更在于它是一座“尼寺”，而且是中央直属的第一“尼寺”，地位相当于永宁寺。它有修女的豪华宿舍500余间，“绮疏连亘，户牖相通，珍木香草”，以至于“牛筋狗骨之木，鸡头鸭脚之草”的名贵花木，不可胜数。瑶光寺之所以有这般大的排场，是因为它如同一所贵族女子学校，是身份特殊的皇家女眷的暂厝之所。胡太后之前的皇太后就是到瑶光寺出家为尼的。虽然有必要“屏珍丽之饰，服修道之衣”，但遁入空门自然是假，靡丽华贵的宫廷背景才是背后的真相。讽刺的是，这处网罗“椒房嫔御，掖庭美人”的贵族女子别业，最终成了僭越者心中最大的诱惑。永安三年（530），尔朱兆率兵反入洛阳，乱兵大掠，数十胡人骑兵急不可耐地闯入瑶光寺。下面的事情不说也知。

——以后洛阳便也有一句歌谣：“洛阳男儿急作髻，瑶光寺尼夺作婿。”顺便讽刺了一下怯懦无为的洛城男人。

毫无疑问，永宁寺是北魏洛阳最神圣也是最危险的象征物。因此，几乎所有的变乱都和永宁寺扯上了干系：

528年，“河阴之变”，尔朱荣在永宁寺驻兵。

529年，北海王元颢又驻兵于永宁寺。

530年，尔朱兆俘获了贵为天子的孝庄帝，特意把他锁在永宁寺的门楼上示众。沦为战俘的皇帝在寒风中冻得吃不消，只好向尔朱兆乞求头巾。尔朱兆恶意不许。就在光天化日之下，群氓目击了这戏剧性的一幕，“观者如堵”。

533年，后来的东魏权臣、大军阀高欢杀北魏重臣杨机于永宁寺。

534年7月，高欢停于永宁寺。

538年，侯景，就是在南北之间摇摆不定，后来变乱整个江南地区的那个超级军阀，在永宁寺驻军。

杨衒之初次造访永宁寺塔，大概也正值这一变乱时期。很多人都没有注意到，《洛阳伽蓝记》一书缘起部分含有的特殊意义——杨衒之是在永宁寺塔上看见乱后洛阳的。想当初，以胡太后之尊偶然登塔，老臣崔光还要苦口婆心地劝阻，而洛阳乱后，身为小官的杨衒之和他的朋友胡孝世，一个小小河南尹，就可以随便出入如此尊贵的地方，并且“下临云雨”。这，是否就是乱后洛阳的实情？它是比佛头涂粪更隐晦的亵渎，比赤裸裸的野蛮破坏更为彻底的“解构”。

登临楼阁式塔要到唐代的城市才成为一种普遍的风尚，在这之前，塔是佛寺唯一重要的中心。就像崔光所说，佛像所在是“神明之宅”，是不容凡夫俗子轻易践履其上的。而这种华丽的“建构”与堂皇的“解构”间的微妙关系，显然，在洛阳彻底覆灭前就存在已久，“河阴之变”只是揭开了这出戏剧的序幕。

1963年，在一片争议中，纽约市的资本家们合谋拆除了壮丽的宾夕法尼亚火车站（Pennsylvania Station）。火车站的寿命尚不到一个甲子，拆除它是为给更有利可图的新项目让路。那些痛心疾首的历史保护主义者竟无计可施。《纽约时报》发布社论说：“将评说我们的，不是我们所建造的那些纪念碑，而是我们所毁弃的那些。”

同样，一座纪念碑的意义绝不仅仅是纪念过去，它也可以成为被纪念者的耻辱柱。

像公主们令人垂涎的玉体一样，永宁寺塔的高贵恰恰成了它的命门。孝庄帝在永宁寺高高门楼上当众乞讨头巾的一刻，这圣殿旁曾荫蔽京城行人的槐荫，都变作了看客的天然座席。我很怀疑，无论是寿阳公主的全节而死，还是孝庄帝的礼佛而终，或许都只是史家的一种避讳，真实的情景或许要可怕得多。要不然“帝临崩礼佛，愿不为国王”（就像南朝宋的小皇帝刘准流泪说“愿生生世世，勿生帝王家”），又何至于那般沉痛！

焚身

耐人寻味的是笑在最后的大军阀高欢。这个一手缔造北齐王朝的“神武皇帝”的表情变化，恰恰就发生在他与北魏朝廷貌合神离之后——在《北史·齐本纪》中，有关人事和天灾两节叙述紧紧相邻，“于是魏帝与神武隙矣……二月，永宁寺九层浮屠灾……”。旋即有了永宁寺塔为雷火所毁的“事故”，依《洛阳伽蓝记》更为具体的描述：

> 永熙三年（534）二月，浮图为火所烧……火初从第八级中平旦大发，当时雷雨晦冥，杂下霰雪，百姓道俗，咸来观火，悲哀之声，震动京邑。时有三比丘赴火而死。火经三月不灭。有火入地寻柱，周年犹有烟气。

据说，在这突如其来的事变面前，孝武帝元修并没有束手待毙。他派遣了一千羽林军飞驰去救火，但是羽林军面对如此高耸的建筑竟然无计可施，只能任凭它燃烧崩塌。事实上，不要说在那时候，就是今天，对于过高的摩天楼的火灾，人们所能做的也极为有限。在建筑技术上，永宁寺塔倒掉，可能与美国“9·11”事件中遭袭击的世贸大厦崩塌的原因有些类似。

塔中“田”字形柱群混合夯土而成的塔心柱，和外圈“檐柱”“明柱”共同维系巨塔的稳定。构成塔心柱的夯土本身并不能燃烧，可是土木混合结构内的木柱在高温下炭化，使塔心柱整体失去了作用，就如同世贸大厦的钢结构融化，不再能支持原本坚固的楼面网架。夯土烧结后力学性质整个改变，不再能承受超高层的重量，真个是“土崩而瓦解”。

可是中原二月，本该滴水成冰，却突现雷雨、霰雪天气，不也启人疑窦吗？

即使永宁寺塔的焚毁不是高欢的阴谋，永宁寺塔的倒掉，也正好用来说明他的所图。永宁寺的大火过后不久，有人从靠近高欢老巢的东莱郡来，说在东海看到了世间不存的佛塔——浮图："光明照耀，俨然如新，海上之民，咸皆见之。俄然雾起，浮图遂隐。"民间传说、小儿歌唱犹如今天的"社交媒体"，虽然不可尽信，却也不是空穴来风。还是在北齐写就的《魏书·灵征八上·志第十七》说得更直率："永宁寺九层佛图灾。既而时人咸言有人见佛图飞入东海中。永宁佛图，灵像所在，天意若曰：永宁见灾，魏不宁矣。渤海，齐献武王之本封也，神灵归海，则齐室将兴之验也。"不能搬迁的巨塔，就这样，以不可思议的方式千里挪移，为高欢篡夺魏祚增添了一笔可观的筹码！

"火经三月不灭"，与秦末项羽火烧阿房宫的记述简直就是如出一辙——《史记·项羽本纪》载，"烧秦宫室，火三月不灭"。"三月"大抵都是个虚数。借小儿之口传入史籍的朝代更迭间的异象，就像近来对阿房宫遗址的发掘，证明的并不是这场灾祸的乱世"真相"——因为阿房宫前殿并未找到大面积的烧结土，很可能，阿房宫都不曾真正建成过——千百年来，在人们想象中熊熊燃烧的大火，却证明了项羽，或者别的什么人意欲的另一种"真实"。

在这段时间里出现的大小"异象"，也正是解构洛阳神圣地位历史进程的一部分——永宁寺塔的倒塌也许就在一个晚上，但是它真实的"化生"（Incarnation）可能早已开始。

公元527年，也就是"河阴之变"前一年，平等寺金佛像的面部突然出现了悲戚的表情。它两眼垂泪，满身潮湿，拭之不去，当时人称之为"佛汗"。第二年四月，果然有尔朱荣攻入洛阳后的“河阴之变”，诛杀百官，血流成河；过了两年，也就是529年三月，此佛像又现佛汗，似乎预兆着五月间，将有借助南朝之力反攻倒算的北海王元颢攻入洛阳，庄帝“北巡”；七月，北海王大败，由名将陈庆之带来的江淮子弟5000人，都被俘虏屠杀，无一人生还。来年七月，此佛像“悲泣如前”——这会儿应验的，便是尔朱兆反入洛阳了。

关键之处不在于佛汗是否“灵验”，不在于是否有人在这些事变中经意作伪，关键在于，每次都有无数捧场的“观众”适时出现——这些所谓的目击者纷纷宣称自己“亲睹”，但多少又受身边人的蛊惑而不自觉。即使注视着现场的眼睛，也无法确认真的清澈无邪。他们的“亲见”就这样极大地延展了神异的舞台，让空间的活剧分外热闹精彩。

佛像流泪，猪学人语，并不是洛阳“城民”的凭空想象。相信杨衒之写下它的依据，也非臆想——人总是看到愿意（害怕）看到的东西。《洛阳伽蓝记》中的一些故事，虽然说来平常，却使人听之心惊。比如愿会寺的故事：愿会寺是中书侍郎王翊舍宅所立，佛堂前生桑树一株，“直上五尺，枝条横绕，柯叶傍布，形如羽盖。高五尺”，如此这般，一共五重——注意，桑树隐隐然有“佛塔”的意象了——每重的叶椹形状都不尽相同，洛阳人称之为“神桑”。据说，这棵树招致看热闹的人实在太多，仅仅这种热闹，就够让皇帝不安了。他认为“神桑”一说是妖言惑众，就命令给事中黄门侍郎元纪把树砍掉，“树—塔”颓然倒地——原文用的动词是“杀”，杀之。

那一天，云雾缭绕，天地晦冥。

斧斤所及，“神桑”居然血流至地，就像大火中宝塔轰然委地；围观的人都不禁悲泣起来——这一幕何曾相似，永宁寺的灾难中，同样，“悲哀之声，震动京邑”。

千年以下，我们似乎还可以想象，这神异的传说故事后面，总有一道阴郁的目光在注视，黑暗的嘴角流露出残酷的微笑。能够从南北朝时期无以计数的大小军阀中脱颖而出，最终推倒北魏王朝，高欢便有着这样一双阴郁的眸子。在一个宗教信仰压倒一切的非理性年代，道听途说未必不是事实，而小儿歌谣，唱的恰恰是宫闱权谋中事。什么是历史中真实的城市？久而久之，人们已经很难分清楚物质现实与心理幻觉之间的界限。

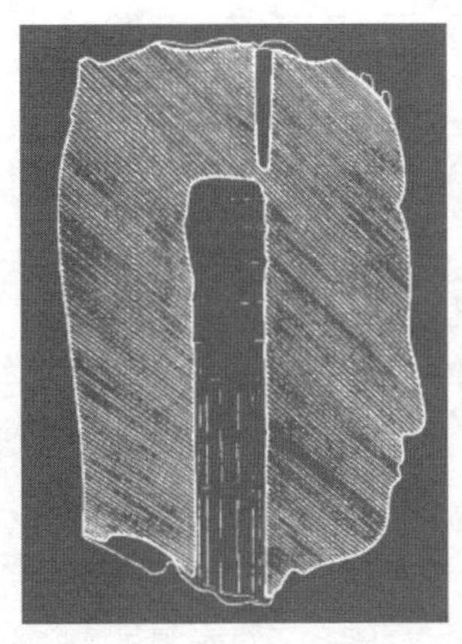
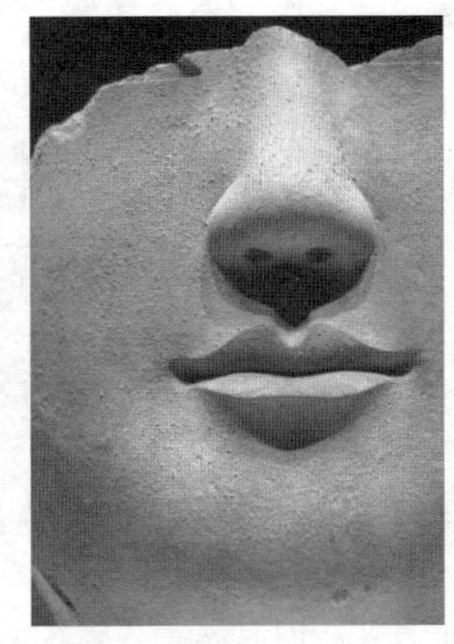

北魏洛阳永宁寺塔出土大型塑像面部(作者资料)

洛阳北魏城和陵墓

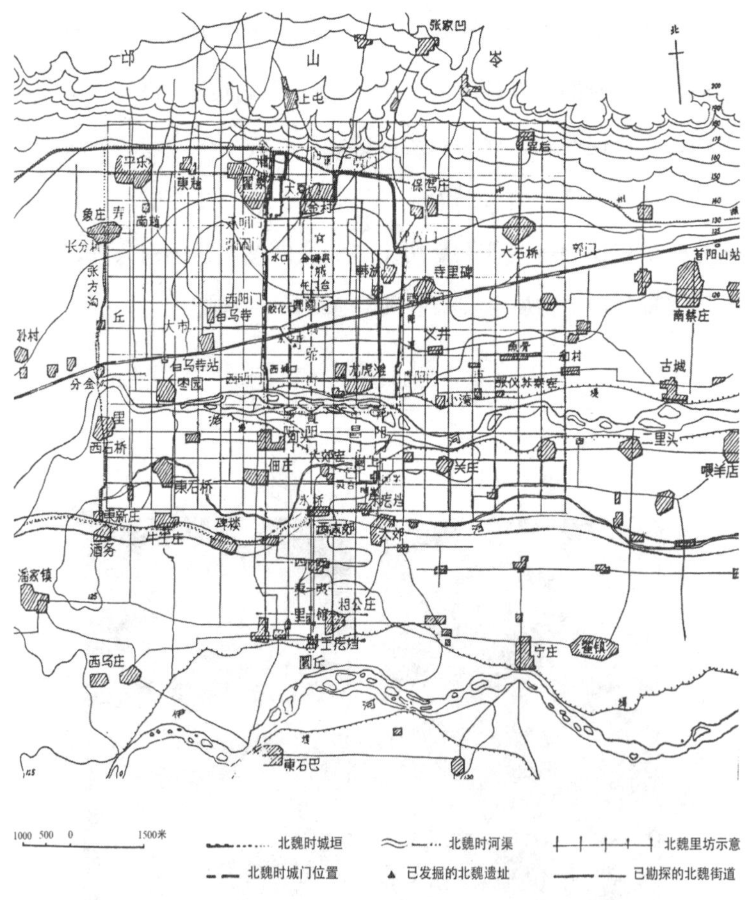

假想的北魏洛阳里坊规制与汉魏洛阳城考古现场之关系(宿白:《北魏洛阳城和北邙陵墓》,《文物》1978年第7期)

北魏洛阳永宁寺塔立面复原(钟晓青:《北魏洛阳永宁寺塔复原探讨》,《文物》1998年第5期)

驶往拜占庭

395—1453年

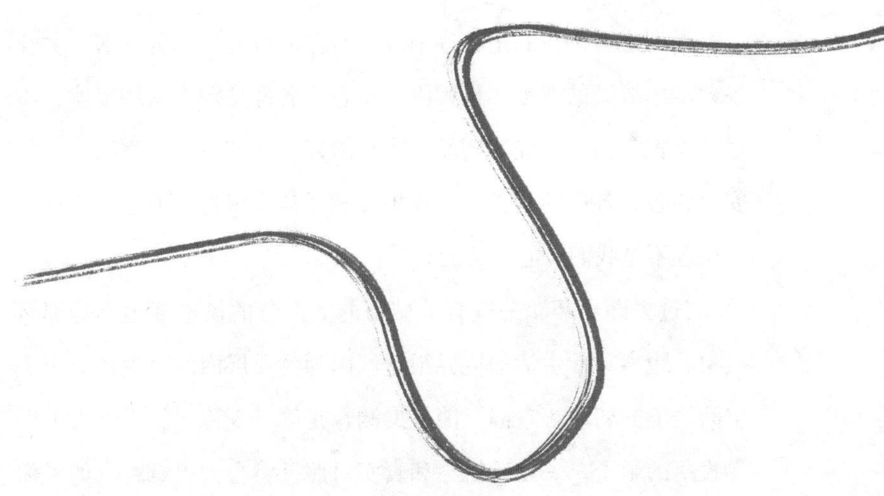

◀ 透纳(Joseph Mallord William Turner, 1775-1851)画作《罗马—凡西诺广场》(*Modern Rome-Campo Vaccino*, 1839, oil on canvas)(作者资料)

说到这里，我们正在逐渐离开自己的世界。我曾好多次去往汉魏洛阳故城的遗址，也曾漫步于各式各样史前古城的废墟，不尽然能把它们和曾经读到的历史相映照。它们一旦是洛阳，是长安，在各式各样的演义、戏说里便感觉离你很近，但是，实际上它们远不是我们所能想象的。

“过去即异邦”——有关城市的大部分的议论都远不是那么具象，距离日常生活的境界很远。因为物质层面的陌生，更由于空间语境的朽坏，它们只能是推测，是第三人称，就像烛火下世界投落的影子，一旦有机会和真实对照，将会大出意料。如果你好奇这种反差从何而来，便不能不随着那蛇一般扭曲的形式潜行，去潜藏在我们骨子里的火光的源头看一看。

剥离自己文化那一层熟悉的油彩，索性直接去考察西方建筑史中那些著名的“早期”（antiquity，通常译为“古典”）建筑，你会立刻感受到时间的魔力，不用站在天荒地老的废墟里经由任何提示。它们离你相当遥远，但是观感上又很近——原来，古老还有（相对）“更真实的古老”，因为2000年前的建筑居然还可以使用，关键，是在城市之中。因为较为耐久的物质性，石头、混凝土等的西方类型学依然可以施于现代建筑，为它们所统治的那个世界的迫人的物质特征，是我们今日现实的一部分，无问东西；因为系出一源，构成它们建筑特色的基本的空间原则，和我们现代的栖身之所并无断然的沟壑。没有空间的比较就没有时间的标尺，当这些观感，这些物质性，这些原则，被施之于中国淡泊的土城时，你就会发觉其中有一种显著的度量世界方式的不同。空间稀薄时，历史也被拉得绵长；物质强大地留存下来，失去的时间就总仿佛一头欲醒的怪兽，跃跃欲出。

废墟

因为这种时间的魔力，我常去意大利。就像叶芝的诗歌中所呼吁的那样，驶过汪洋大海，驶往拜占庭。我们欲求的不是真正的穿越，而是一种心理上的满足，重要的是你在那里“看见历史”。站在卡拉卡拉浴场，地面上的巨大墙垣依然伫立。一个完整的房间，聚拢了你对过去所有完满的想象。

但同时这又是不真实的，尤其是对我这样一个中国人而言。带着不同的“观看的本分”，你可以察觉到这种完美历史上的裂痕——即使听起来名正言顺的“历史保护”，也足以造成某种立时就可以察觉的混淆。

历史不可能既构成特定的意义，又一览无余。比如，在庞贝古城[1]，你看到的远比在汉代长安城遗址上看到的为多。但是那密密麻麻，千百“小格子”组成的房屋迷宫，其实是种错觉：古代的城市断没有那么“开放”。你本来应该同样看到一面墙的。在同一时刻，你看到的只能是一面墙，它会挡住你的视线。墙的里外原本应该截然不同。

火山灰吞没了整个城市。全因为头顶的“封土”过于沉重，当废墟被重新发掘出来的时候，大多数屋顶和墙垣上端都崩塌了，门窗消失无踪。这也是发生在罗马、蒂沃利（Tivoli）、奥斯蒂亚（Ostia）等地的情况。在废墟上，你面对的是被横竖“解剖”了的城市，就像台湾的李乾朗先生所画的一幅分析和展示建筑结构的画，“穿墙透壁”。建筑的皮肤剥落的时候，筋肉也慢慢乱了次序，对于裸露的砖石—混凝土砌体，“内”和“外”的区分没了意义；假如不是经过考古学家刻意的恢复，就连建筑和建筑间的分界线也不再容易辨认。

黑黝黝，暗红色，茫茫的短墙败壁，哪儿是开始，哪儿又是结束？

不管怎么说，能够看到这么完整的地面上的古代遗存已殊为

1. 庞贝（Pompeii）古城遗址在意大利南部，它的历史至少可以追溯至公元前6世纪，毁于公元79年的维苏威火山大爆发，后被火山灰彻底掩埋。16世纪以后，陆续有当地农民发掘出古城遗物，使得这座古城有机会“复现”。自18世纪中叶起，伴随着现代意义上的考古学的自身发展，庞贝遗址的发掘持续至今。

不易了。庞贝是少数几个保存得如此完好的罗马遗址，要知道这毕竟是2000年前，如今只剩下残片的熹平石经，那时候还没有来得及提上议程。[1]庞贝的毁灭比永宁寺塔还早了400年——那一年，在洛阳确立的“三纲六纪”，至今还影响着中国人的精神世界。它的所有物证早已湮没无闻，庞贝却可畏地伫立在面前——如此，再打量两种历史，立刻有了不一样的心理感受：一种满眼都是“城春草木深”，其历史依托于文字符号，如今仅仅只能依稀“想见”；另一种却是明白地“看见”，仍是能安顿你身心的空间环境。

庞贝之所以依旧可以清晰“看见”，不光因为那一层厚厚的火山灰。除了不经意间“慢下来”的火山灰内部的时间，让城市依然大体保存着古代的格局，“历史保护”的思想，也同样有“冻龄”的作用。有“永恒的城市”——人们一般想到的是罗马，“万古千秋对洛城”的洛阳也是。有让时间停止的意义界定，就有想把建筑空间也转化成时间机器的愿望。

从16世纪开始，这些“时间胶囊”（time capsule）一点点暴露出来。看似顶多就是揭去了点“面子”，但被遽然打通的，是相当于我们东汉初年到明末的时光隧道。这个意义上的“看到”等同于一种历史穿越。虽然不免依然是座“遗址”，但当一个人站在庞贝面前，就像是打开一座千年墓墟，立刻感受到强烈的“古代”的气息，扑面而来。

1. 想想，就在庞贝毁灭的这年，也就是汉章帝建初四年(79)前后，中国也曾发生多少大事。比如，这一年，洛阳白虎观召开了各地儒生参加的“白虎观会议”。

城市里，历史腐坏得较快，但是历史的废墟依旧蔚为可观。人们常说“罗马立于七座山丘之上”，今天你去罗马，Forum Romanum还在两座这样的山丘之间，鼎鼎有名，上面曾经簇集了罗马共和国和帝国时期陆续建起来的数十座重要的建筑物，今天还可辨其概貌。中文语境里偶把Forum翻译为“论坛”，实在不足以表达此地的显赫，也不利于向今天的旅游者解释它的意义。此“坛”既不是非常规整的形状，也没有明确的边界或者统一的内部轴线。它既是类似于华盛顿的中央草坪那样的长条开放空间，一路延向卡皮托里尼（Capitoline）山丘上的神庙，也是沿着帕拉蒂尼（Palatine）山丘北缘次第建起的建筑物的总称。[1]

如果带着明正“秩序”的强烈愿望，在废墟上最容易看到的就是两座凯旋门。古罗马题材影片中常有它们的身影。它们的一部分至今还可以看见。这里是拯救了罗马执政官的宾·虚和执政官一起登上金马车，接受万民欢呼的地方。现代人沿着凯旋门望向高耸的卡皮托里尼的视线也投向古罗马文明的“焦点”。

如果以为这样的电影布景就是Forum的全部，那你显然被“永恒之城”的通俗名声诓骗了。无论是过去还是现在，城市都是变化的。罗马是一个千年的文明，差不多以基督时代为界，公元前是共和国时期，公元后是帝国时期。在1500年前，即蛮族开始摧毁这座城市之前，罗马也一直在不断地新建和重建着，不存在一个连续的，像纽约那样在200年前就基本确定的格局。因此，

1. Capitoline正是华盛顿的国会山（Capitol）一词的语源，今日首都（capital）一词意亦相近，而Palatine又是英文palace一词的由来。

凯旋门虽然在它们今天的位置，但是门里和门外的关系，绝不像柱石寥落的废墟上看到的那样简明。

有趣的是，有了现代城市后，保护古代历史遗迹的意识才抬头，历史开始有“标准像”了。早期的罗马统治者并不在乎城市历史的延续性，大多数罗马市民似乎也并不好奇这座城市从前的模样，于是拆拆补补……凯旋门自身的命运也是如此，在改变之中。在斗兽场以西，伫立着君士坦丁凯旋门，它以君士坦丁大帝闻名，但是这位罗马皇帝并不是这座拱门的创始者。相反，他拆掉了上面哈德良皇帝的雕像，换成了他自己的。在西罗马帝国灭亡后很长时间，罗马人都拿斗兽场和卡拉卡拉大浴场之类的巨型建筑当采石场用。建筑材料和雕塑，又“还魂”到城市各处。这造成了一种时序杂陈的斑驳局面，当我们越过年代交错的遗迹来看今天的城市，并不太能分辨什么是“新的旧”什么是“旧的旧”。“进步”的马车从这些凯旋门驶入历史，并不总能找到专属于它们的道路。

就在两个世纪以前，Forum还不是今天这样的废墟——现在看上去，它更像是罗马被毁坏之后立马“速冻”住的情景，历史似乎在一瞬间凝结了。其实两个多世纪以前，残砖碎瓦大多还埋没在土里，一切看上去反而更“自然”些。17世纪以来的画家、作家，用较写实的手法勾勒出了废墟发掘前的状况：“不太雅观，污秽无聊”，加上“穿着烂衣服的农民，还有一两头驴，一头雅灰色的意大利公牛，或者眼神狂野的水牛……”，半埋在这个被俗称为“牛栏”（Campo Vaccino）的放牧场上的凯旋门，一定非常尴尬。它全然不像今天的废墟那样，看不到地表下埋藏的丰富历史，给人极大的情感冲击，相反，它只是“毫无特点，只有星星点点的废墟，两行成行列的树穿越其中……”。

在一个飘着秋雨的下午，我第一次走到这座城市的中央，仿佛想起弗洛伊德描述过的，在脑海中重构未经毁弃的罗马的乐趣：“现在，让我们自由地想象一下……”这样的罗马将是帕拉蒂尼山丘上帝国执政官们巍峨如初的宫阙，来自非洲的皇帝塞维鲁的纪念物还未经毁坏，而台伯河边天使堡上伫立的美丽雕像也仍在。如此，“一个观察者只需掉转他的视线，或移步换位，就可看到不可胜收的景致”。

可是这样的可能并不存在，已经丢失的历史信息需要在空洞的视觉大海中打捞，而且并不见得一定有什么收获。我第一反应是寻找道路起码的层次，好从脚下黄汤搅拌碎石的泥泞中解脱出来。按现在城市流行的说法，凯旋门的两端该是主次干道，景观大道加上辅路。但有没有绿化，有没有小广场，有没有喷泉和景观点缀连接其中，道路尽头有没有招牌背景？作为一个建筑师，你难免想把这一地区的原貌复原——或者，干脆重新“设计”出来，得到某种美妙的平面图案和富于纪念性的视觉主题，让神气的金马车重新行驶。国内某些照猫画虎的“罗马别业”上正是这样宣传的。

但真相是废墟之中存在彼此冲突的可能。启蒙时代的人们看这些废墟，已经发现了这种不同层次的端倪。这种古典不像“新古典”那样有着清晰的结构，而是经年历久意义累加复又崩塌之后的结果。“论坛”？“广场”？和山丘下空场实际的形象都不太沾边。不同时代的建筑遗址貌似零落地聚集在一起，中间一条墨索里尼时代的大道穿过了古代城市的内部，又把它截断成了南北两截：罗马帝国时期以各个皇帝命名的纪念性建筑各成一体，还算中规中矩，南面共和国时期的Forum Romanum就面目模糊了。“中心”？“轴线”？似乎都在那里，但是难以得到一个统一的印象。

罗马人建设新城市的方法好像不是这样，在北非等处的罗马城市总是像兵营一样，建成四四方方的格子。Forum不甚规则的外表说明了它“经生长”的来源，而不是像殖民城市那样“经设计”出来。它最早其实是处于卖菜的地方——罗马人最初的城市公共空间。卖菜的地方和后来那些纪念性空间的本质不同，是它很难有为一种视线所专设的秩序。在多神的罗马，复数的朝圣之路顶多只在局部有效，体现在神庙和厅堂前短促的台基升起上，也不太有什么占据“中心地位”的统治性建筑物，就连共和国的元老院也只能偏居一角——直到近代，西方的城市依然延续着把政治空间（比如市政厅）和商业空间（比如中心市场）重叠的传统。Forum确实有一条绕场一周的凯旋之路，也就是人们通常说的“神圣之路”（Via Sacra），但是或许因为市场起源的强大影响，这种路径的游行更像是喧嚣城市里的狂欢。

在一座以历史著称的城市里，我们看到的“历史”究竟是什么呢？

借助和苏格拉底的虚拟对话，柏拉图以隐喻构造了人类知觉困境的模型。“洞穴”中面壁的囚徒所能看到的是火堆或外光投射在墙壁上的龙蛇鱼虫。在没有其他参照物的前提下，他们自觉不自觉地给这些变幻的光影赋予了互相混淆的形式和意义，乃至有时把它们等同于现实。在这群囚徒中，只有哲学家是那个有幸逃出洞穴的人。他会发现洞里的一切——所有“看见”的东西——都是幻觉。墙上的图像看上去如此协调一致，没准一部分来自受光折射被扭曲的现实。但更可能只是全然错解，反而那个一刻不停变化的真实的世界，是不需要具形的。柏拉图因此认为感知是不可靠的，真正的知识存在于洞穴之外。哲学家的任务，是以他在洞穴外的所见去启蒙困守洞中的人。

城市中人也就是洞中人。

明室，暗室

现在的这些建筑碎片是加强版的历史城市，是“废墟的废墟”，是叶芝诗中完美的拜占庭的镜像——尽管它们看起来那么不相似。旧日的神庙和宫殿毁坏造就了第一轮的废墟，早已埋没在文艺复兴“牧场”的地层下，而18世纪晚期人们开始慢慢挖掘、识别、选择、辨认这些建筑碎片，将它们又放置回建筑基地的原有位置上，于是有了第二层意义上的“废墟”。这样，我们就有了两种不同的理解“新”和“旧”的方式：一种看上去很“旧”，其实却是刻意营造出的旧的幻觉，貌似残破却准确地提示了原有建筑的位置和尺度的废墟，这实则是现代人通过理性的方法恢复成那样的；还有一种是自然而然的“旧”，这样从生到老到死并复生的城市，总会是被修修补补肆意涂抹的，新和旧之间，反而看不出明显的历史的裂痕。

我初次去庞贝的那天有大雨，遗址上本没有太多的人，这使空荡荡的迷宫愈发迷离，就像是一座清冷的现代小城。直至夜色降临的时候，我仍未忍立即弃去，可又茫无头绪。转过街角，一盏灯忽然亮了。被微弱的灯光照亮的地方，仿佛显得有些不同，仿佛大都会的塑形灯光，把某些明星地标和它周遭的环境区别开来。倏忽间，一抹亮色从灯影下闪过，那些看似雷同的废墟结构中，忽然有了什么扎眼的东西。

从残垣断壁间穿过，我也不知哪是路，直到走近了，才看清适才视线里吸引我的，原来是墙上一小块残留的马赛克镶嵌画。它精致的肌理和邻近空间的关系，明白无误地区分了“里”“外”，表明了我所站立位置的属性。不知何时，我竟走进了遗址上定义为“展品”的区域，忽略了“展品”和我之间的展牌——“请勿靠近!”[1]于是我恍然大悟，原来身边有“情况”的，是属于室内生活的曾经和人亲近的气息。一度聚拢，一朝散失。

《理想国》的室内室外差别富于启蒙的寓意：它是“我们天性的教育和它对教育的期求”的一幅图解。可是室内和室外的关系又远非“低级—高级世界”那么简单，在俗世生活已经如此发达的罗马帝国，他们对希腊远亲理念里的二元论已经需要进一步澄清了：谁说每个“室内”一定就联系着另一个缺失了的室外?

1. 出于文物保护能力的考虑，一部分庞贝遗址还未挖掘和开放。在已经开放的区域，游客可以在庞贝原有的街巷和厅堂中穿梭，宛如穿行在古老的城市中。罗马人广泛地使用马赛克镶嵌画作为室内装饰，马赛克镶嵌画的主题通常是神话传说或是园林景致，透露出房屋主人从“内部”对“外部”的求取。

只要有了某种恒定的人造“光源”，这样的启蒙未必不能是自内而外的。也就是说，室内也可以没有室外。我们本可以非常满足于真相之外的世界——至少，现代社会里充满了错觉的各种“看见”的空间就是如此。在电影上演的90分钟内，闪烁着梦境的电影院也是如此：我们到底在室内，还是在室外？

2000年前罗马人的“里”“外”，今天体会起来确不寻常。他们已经发明了柏拉图厌恶的东西，和真实空间叠映在里面。不错，有马赛克镶嵌画的这面墙是“里面”，但是，与此同时它又有形象，可以观望。它是关于一个想象的“外面”的——对那个时代的人而言，这种错置可构成一个人工渲染的室内“花园”。他们放着外面真正的世界不顾，却俘获了自然，将它囚禁在画中，囚禁在这本来应该敞亮的庭院中，然后幽暗地独自一笑。

最能说明这吊诡情形的不是露天的庞贝丘墟，而是罗马国家博物馆的马西莫宫（Palazzo Massimo）里重建的观画情境。这些壁画发现于另一个遗址：利维亚别业（Villa of Livia）[1]。它在闹市中的暗室里复原起来时，不是原封不动地仿制别业的建筑，而是诉诸两种人工经验的相似，古代的和如今的——如今在画廊里看画一如在庞贝暗室里“卧游”。它验证了我们上述的那种“内”和“外”可能的混淆。这种混淆来自已经消失的过去的现实世界

1. 罗马国家博物馆共有四处分馆，马西莫宫（Palazzo Massimo）是其中一处。利维亚别业（Villa of Livia）位于罗马城以北12千米处，传为利维亚（Livia Drusilla）嫁给罗马帝国皇帝奥古斯都（Augustus）时的嫁妆。利维亚别业因为墙面有大幅精美的、描绘庄园风光的壁画而闻名于世。目前这些壁画被修复展出于马西莫宫的展厅内。

和“图画真实”这两种不同“看见”间的歧路——它带来了暧昧而不确定的“造境”[1]。乍一看，你是在室内的，密不透风的暗室让人有些气闷，但是看久了，你就会慢慢坠入更大的幻觉中，好像回到了普林尼[2]和奥古斯都的时代。这幻觉中并没有“窗”，也没有当代画廊里习见的“画框”，或者说肉眼可见的边界。一旦幻觉不再被意识到是幻觉，四面墙壁里的“花园”便是芳草萋萋、桂树婆娑的，密室独有的清凉气息迎面袭来，似乎比真实的那个室外还要让人惬意。

别业近旁未必没有迷人的风景，但是墙上的画面才构成了他们“外”求的世界。在炎热的夏季，环绕着在此用餐者的却是壁画上永恒的春天——鸢尾花和甘菊芬芳的时节，松鸡、鸽子和金翅雀在棕榈树、松树和橡树间飞动玩耍……与此同时，石榴和榅桲又结果了，现实时序中不可能发生的事，提示着这种想象世界和真实世界的差别。

惊掉了柏拉图的下巴，庞贝暗室里某些画面的意义本身就是“光源”——它自己照亮了自己。这种不便明言的启蒙，来自寻常人更基本的需要。未见得多么冠冕堂皇，但它的心理情境是真

1. 取决于观者的角度和时刻，“造境”不同的意涵可以在同一个物理空间中交叉，有时形成让现代人感到困惑的感受的悖论。例如，今天存留的某些辽代壁画墓中，建筑空间使人想起（葬仪中的人们可能感受到的）内向的“庭院”，而壁画内容却涵盖出行、宴乐以及室内外风景，意喻着一个（对死者身后而言的）更广大的世界，参见李清泉：《宣化辽代壁画墓设计中的时间与空间观念》，《美术学报》2005年第2期。

2. 普林尼（Gaius Plinius Secundus，23—79）世称“老普林尼”，古罗马著名作家、哲学家，著有《自然史》一书。

实的。共和国晚期的罗马已经有了初露症候的“城市病”，大街上感受得到汗臭味的“稠度”，应和着足以赶走“隐士”的喧嚣，就像住在一间公共浴场旁的哲学家塞内加所说的那样：“……请想象一下那里，有让我们憎恨自己长了耳朵的各色人声！”在他的诗歌中，贺拉斯沿用了“城市老鼠”渴望作“乡村老鼠”的比喻，来说明时人对这种方兴未艾的都市生活的态度：常见的公寓（insula）缭乱，租屋的底层感受不大美妙，困守在现代人并不陌生的盒子里，人们亟须一种心理魔法予以平衡……

在那时，罗马还没有来得及征服全世界，它同时也正面临着征服自己的挑战。不像希腊人毫无顾忌地裸露自己的身体，罗马的壁画转向幽晦处讲述身体的隐秘，就是今天还常常出现在公共厕所里的那些东西。今天，在庞贝废墟里的发现中，它们仍是最为人们所津津乐道的。它启发了，或者便利了一种囚徒式的自我省察。现代生活困守的室内，与利维亚别业的密室貌似迥异，但心理起源类似。

事实上罗马最非凡的绘画艺术之一就存在于类似的房间中，有时即使不懂画的人也能一眼看出它们的特别来，比如，拥有一间四面都是真人大小壁画人物的庞贝的“秘墅”[1]，还有位于博斯科特雷卡塞（Boscotrecase）的黑房间（Black Room），漆黑的背

1. 秘墅（Villa of Mysteries），也称“神秘别墅”，在庞贝古城遗迹西北400米处。别墅中有保留完好的房间和壁画。对于壁画中的赤裸女性和一些可能象征色情的人物，至今仍没有确定的解释。有学者认为壁画可能与宗教仪式或者婚礼有关。参见 Massimo Scolari, *Oblique Drawing: A History of Anti-Perspective*, The MIT Press, 2015。

景之中仅有玩具屋式的人物和建筑。杰作和“低俗”绘画仅有一墙之隔。艺术史家们必须承认，他们并不是百分之百确定这些图像的真实含义。这些图像与“悲剧”“喜剧”的正统定义都不太谋合——究竟是什么样的心理驱使，罗马人才在住居的最深处留下了这些诡谲的画面？艺术史上一个有趣的事实，就是绘画这扇“窗”，最早并没有让我们看到远方的风景。庞贝壁画里的海港和群山也只有朦胧的远景，绘者并没有费力凿穿柏拉图的山洞。罗马人似乎是从“自己”发现了世界——对他们而言，那些绘画更像是“镜子”而不是“窗户”。不管我们叫它“色情”，还是“情色”，这些隐秘而个人化的图像，都只有换一种视角才讲得通。在那时，文明尚置身于从“天然”渐变到“人工”的一片微蒙之中。奢华绮丽的室内出于母腹子宫的意象，它并非一切功业的终结，而是愿念繁茂之地，是一片有无之间的“混沌”。

室内意味着更多撩人的细节，未必有表征着堂堂“中心思想”的“正面”，与“少就是多”的现代建筑格言也正好相反；但同时，它也证实着一种“具体”人性的存在，更能让当代人心领神会，而书面的历史往往缺乏这种具体。讲授罗马建筑史的教科书上，我们找不到几个个人创造者的名字，但我们现在依然可以叫得出好些庞贝画像主人的姓名，甚至还有那只著名的、马赛克拼出来的、用来吓退冒犯者的狗，还有告示专门与它配合：“小心！”

我来过，我看到了

也许还是应该多谢火山灰，让我们有机会如此近距离地确认“他们曾经在那里，他们和我们一样”，否则世界上就只有大写却渺茫的历史，而没有系于人性却真切的历史了。就像中国在那个时期的历史人物，在汉帝国的麒麟阁、云台等之上可能存在过的音容，如今我们只可以“想见”却无法“看见”。凯撒却说道：Veni，vidi，vici！（我来了，我看到了，我征服了！）

这话似乎是说给我们听的。有意思的不仅是肉眼的“看见”，而是“重新看见”的过程，这是“征服”的具体含义。庞贝人的心思已很难猜透，现代人对他们心思的猜度隔着好几层时间的火山灰。庞贝的室内终究是隐秘的，是不容易一览全貌的“里面”。一般人，就算看到废墟的一角，也可能把它认作寻常的乡村破墙。人们后来能重睹庞贝，反倒是因为残墙上惊现的壁画。或许这壁画一下就吸引了牧羊人的目光。在反宗教改革的时代，指导系统发掘庞贝的，碰巧是参加了圣彼得大教堂工作的建筑师丰塔纳（Domenico Fontana）。他“看到”壁画的色情真面目后又喜又惊，倍感踯躅。直到19世纪时，各色赞助人嘴上虽认同古典，实际却仍企图将“不正确”的私密画面巧妙地覆盖或是封存起来。甄别完毕后，只留下那些盛大的公共建筑，被认可的历史，供人缅怀。[1]

——于是“里面”慢慢决定了“外面”。

然后，如同我们都知道的那样，一切终无禁忌，“里面”又大放异彩了。洞穴中的图像盖过了洞穴外的真实，甚至变成了现代人的利维亚别业密室，他们唯一喜欢的“外面”。[2]西罗马帝国灭亡后，有近1000年的时间都没人关心城市的过去。到了文艺复兴时期，大家对古代罗马“突然”又有了兴趣——这种兴趣很是紧要，因为很多现代建筑学的常识都是拜那段时期所赐。访古者重新穿过凯旋门回到Forum时，已有了自己不太容易察觉的当代“偏见”，是以今度古式的“以意逆志”。从17世纪开始，更有大批英国人、北欧人、西欧人等的贵族子弟开始去意大利旅行，实地接受古典传统的熏陶，叫作“壮游”（Grand Tour）。他们尚没有相机，但是已经很喜欢“立此存照”。

福塞尔（Paul Fussell）说，因为大众化的交通工具和预计好的行程，今天的世界上已经不再有真正的“旅行”了，剩下的只有“旅游”。但“壮游”的浪漫往往和真正的“意外”相连：早

---

1. 多梅尼科·丰塔纳（Domenico Fontana，1543—1607）和教廷有着密切的关系。在职业生涯的后期，他因在罗马失势而到那不勒斯工作。在反宗教改革的时代，古罗马的赤身裸体的形象被视为“不应该面向公众”的内容。因此，部分古代壁画被封闭起来，避免被当时的观众看到。

2. 例如，当代建筑师重新发明了“中庭”（atrium）。在2017年末辞世的约翰·波特曼从20世纪60年代开始设计的旅馆中，出现了既是“内部”也是“外部”的“中庭”。通常有着玻璃屋顶和人造气候景观的“中庭”和古老的庭院类型学相关，但并不仅仅是一种庭院。区别在于它既和自然有着象征性的联系，又是反自然的人工世界。它的建筑空间装置加上各种既开放又限于特定人群的活动，给人的感受更像是博物馆中的壁画墓，而不是一座真正的罗马合墅（peristyle）的天井。

在14世纪，来到罗马的彼特拉克（Francesco Petrarch）被驴踢了，18世纪瓦尔珀尔（Horace Walpole）的狗被狼吃了。还有一种比较吸引人的“意外”是文艺复兴以来在意大利变时髦的，奥斯本（Francis Osborne）警告他的儿子，一个“英俊的没有胡子的年轻人”，在去意大利时要非常警惕，留心周遭，既要提防男人的欲望，也要小心女人的风情。

这种在欢乐的旅途中的青少年，大概没多少会像《罗马帝国衰亡史》的作者爱德华·吉本一样，初来乍到就有丰厚的知识打底。相反，访古是为了发现西方现代文明喷薄的未来而不是为了深挖过去，对于一个独自面对着想象中的古典世界的个人而言，多个时刻的城市面貌，多种声音的聚合，可能赶不上一幅完整清晰的构图来得有趣明了。他所面对的被埋没的古代城市，现在只是自己内心世界的投影，并且被极大地浪漫化了。最好这种画面可以保存下来，回去挂在自己的卧室里。穿越这样的意大利，就相当于走过了近代西方的心灵史，呼应于这群人对明信片的消费欲望。旅行画家成了现在的摄影师，为这样的心灵的凯旋摄影留念。

这群“摄影师”中出现的有名人物，比如蚀刻画家皮拉内西（Giovanni Battista Piranesi），还有他的前辈帕尼尼（Giovanni Paolo Pannini）。18世纪很多著名的旅行画家，像足迹遍及欧洲的卡纳雷托（Bernardo Bellotto），也画罗马的侯利（Antonio Joli），都是帕尼尼工作室的学生。中国画家通常会把一个地方的风景画得非常“写意”、语焉不详。帕尼尼这样的画家的篡改却是“信词凿凿”，他用栩栩如生的作品，记述从卡皮托里尼和帕拉蒂尼山丘下向斗兽场看去的景况，却常把眼睛看到的东西肆意改变。要不是和大量其他类似的作品以及景况进行对比，我们还以为这真就是当时的旧况。如此，这些“明信片”并不是真正的“摄影记录”，而是一个人在Forum里“愿意”看到的东西。我们不太能理解的古代世界的无序的残垣断壁，在不同的画家笔下体现出各自的意义。[1]

在画作中，常做画面前景的是塞维鲁凯旋门（Arch of Septimius Severus）的一部分，远处的“终点”依稀是提图斯凯旋门（Arch of Titus）。画面中显著的纵深感似乎在有意无意地告诉你，在两者之间可以建立起某种联系。画面左侧的空地边缘因此显得格外整齐了，连带着有柯林斯柱式的艾美利亚圣堂（Basilica Aemilia），也和它的邻居们连成了一条线。当时称得上印刷品的东西很有限，而且只有一部分有钱人才买得起画，帕尼尼们的作品构成了当时欧洲人对于Forum秩序认知的最主要参照物。画作中提示的不易察觉的空间的“视差”也是历史的误差。除了塞维鲁凯旋门和提图斯凯旋门之外，中间还有已基本看不清形状的奥古斯都凯旋门（Arch of August），其实三者任意两个都不在同一条直线上。

显然，这种观察有别于好莱坞的电影场景，更和今天建筑学立足的土壤有所出入，因为我们总相信古典世界充满着各种

1. 皮拉内西的罗马图绘很难说是真正的写实。他往往像一个电影导演一样看待他笔下的场景。他作品中的古迹有时被描绘得过度壮阔奇瑰，甚至让一些后来实地参观古罗马遗迹的旅行者认为实物失之“简陋”。这样的理想化描述持续影响了18世纪后的一批艺术家、作家、诗人。参见杨健：《皮拉内西的虚构与真实》，《读书》2008年第12期。

和谐——勒·柯布西耶在游历帕特农神庙的时候也有类似的发现，但他试图把这种误差看成古代的“大匠”们对于空间秩序的一种更先进的修正。于是，越是“现代”的心灵，“视差”反而越厉害。17世纪时就有人开始尝试在Forum区域种树，这也许是一类“城市美化运动”的先声。可是，本不在一条大路上的行道树的行列如何能周正？这个问题难不倒18世纪的艺术家们，像皮拉内西充满表现力的版画一样，只要稍微歪斜两行树的一部分，就解决了这种“视差”，似乎有一种看不见的力量把并没有对正的凯旋门与行道树联系到了一起，弄假成真。

19世纪初，在卡诺瓦（Antonnio Canova）等意大利修复学者的领导下，完全恢复古典遗产原始面貌的意见占了上风。可是内行人应该清楚，经历漫长时间的遗址本不存在标准的“真实”。于是来自法国的一些有着建筑或景观设计背景的专家明确了历史保护的新策略，比如柏绍特（Louis Martin-Berthault）就强调，要把个别的遗址从它们的“画框”中解放出来，恢复不同空间的联系。他暗示的遗址的整体性有别于浪漫主义者所看到的田园诗意，但它是另一种不同于古代罗马人的，现代意志的“凯旋”。

就在同一时期，英国的著名画家透纳来到了罗马。站在卡皮托里尼山丘俯瞰Forum时，透纳很难回避同样的问题。他笔下的林荫道向画面左方扭曲，视野中左侧的Forum边缘显得异常参差。这既不是柏绍特所看到的“整体”，也非遗址最初的真实样貌。但是以描绘动荡不安的风暴著称的透纳，到底是“印象派”的祖师爷。他轻易地就把这些不确定的因素给“模糊”过去了，古典庄重的世界让他涂抹成了波涛起伏的大洋，未知的古代Forum的秩序被丢到了脑后。透纳带有强烈现代感的作品站到了考古学家和怀古者之外的第三方，他的“曲笔”，在不破坏大致的真实（印象）的同时搁置了结构，模糊了本来可以揭示冲突真相的细节。

当真实的空间被转化为画面，罗马人的室内花园被移到现代的展厅里，人们又回到了柏拉图的洞穴之中。世界恢复成了一道外在于观者的墙壁，人们怀着虔诚的心情瞻仰（或者是偷窥）一律大写的罗马“艺术”。博物馆参观者现在真的说不清，当他们走进一个密闭的空间又向四周张望时，到底是在古代世界的“外面”还是“里面”。

人们现在至少明白了，理解庞贝的室内原来有两种可能：一种是从这里出发去怀想整个人性，这样的世界首先是感性的、局部的体认，涓涓细流才汇成了大海；还有一种，则是将它明白无误地看成室外的“反面”，是宏大秩序缝隙间的注解，就算意义不够清楚，也要“清清楚楚地不清楚”——室内和室外从此正式走上了不同的思考路径。根据对“正确”的不同理解，这种二分法往往又决定了我们的“立”场——“立”场，也就是我们参观时选择站立的地方。

变化的可能来自废墟。如上，仅凭半截建筑往往难辨里外，“意义”只能闪现在断壁残垣之间。犹如18世纪的浪漫主义者所爱好的那样，废墟赋予了人们对建筑原初形态重新解释的可能。它打破了新古典主义对于“主从”“轴线”这些宏大概念的耽溺，这种迷宫般的结构现在可以被重新组合，互为表里，无穷无尽地衍生出新的秩序或者混乱。某种意义上，这反而更接近古代城市的实况。美国建筑师路易·康看到类似的废墟的时候，居然喜不自禁。在他看来，有没有明确的“划分”——不管是功能还是形象——并不重要，他要的就是这种无始无终的，不羁的空间。[1]

更绝的，是一度死寂的城市因此又感受到了欢快的气息，尤其春天的时候，芳草和野花直接长进了原来的室内，整个遗址都变成了一座真正的花园。园庭之中，这重新生长的一切和房间原有的意义不尽相符，但有更多片段的“意义”——它们重叠、映照，引诱着你去反复猜想。

终于，经过这样那样的方式“修复”后，荒弃的瓦砾堆变成镜头里讨人欢喜的古风场面——现在一切都是“入画”也“入戏”了。它预示着类似于19世纪巴黎、维也纳、巴塞罗那的更新，也终将会降临到现代罗马的头上，但是这一切并不是从未发生过：罗马，总是在由某一个，走向另外一个。

更重要的，是这种修复对我们的古城和古迹的意义它是向着一种未及明确定义的“拜占庭”的回归：以上种种，也会成为重修东大寺（19世纪末于日本东京），洛阳汉魏故城建立国家遗址公园（21世纪初）的依据，或者，成为这些重新叙说的古代故事里争议的来源。

1. 路易·艾瑟铎·康（Louis Isadore Kahn，1901—1974），美国著名建筑师，曾在耶鲁大学、普林斯顿等大学任教，并留下耶鲁大学美术馆等经典作品。以粗犷而富于表现力的清水混凝土建筑著名的路易·康，同时也是古代遗迹的狂热爱好者。

1779年印行的罗马旅游明信片，古罗马论坛区域已经沦为一片牧场（作者资料）

2500
5000
10000m

唐代：618—907年

村门树

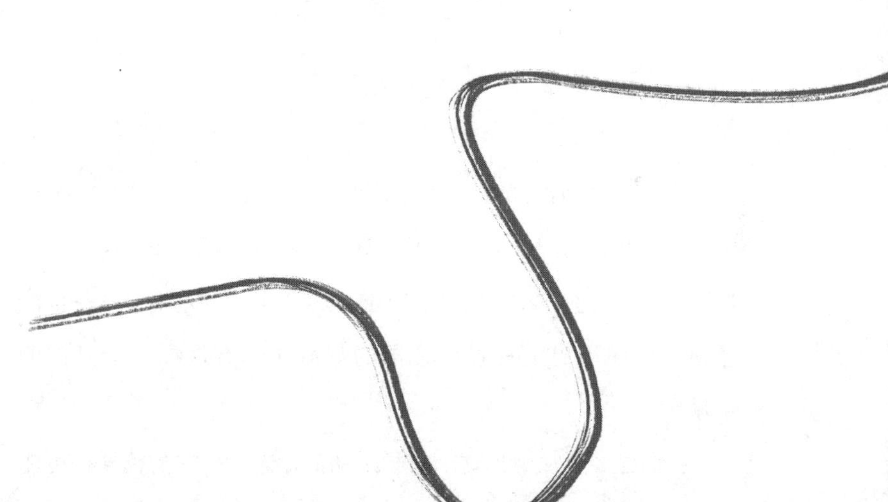

◀ 历史上著名古都的平面重叠在一起，它们各自的礼仪中心是不同地图对准的“基点”（唐克扬工作室制图） 将中国历代都城平面按同等比例叠合在一起并按所设定的中心点（宫城的正门中心点）对齐，原载于2011年深圳双年展“双城记”展。对“中心点”的不同理解，是理解中国古代都城乃至一般都城规划的起点。值得注意的是，“中心点”在历代都城中的定义并不全然相同。

树下

隋文帝初创首都时，推倒了汉长安城东南面一个叫“大兴”的村子，在它的旧址上建立了隋皇宫，所以隋唐长安又叫作“大兴城”。大兴这个名字听起来很土，其“实”也差不多——谁能想到，中国历史上最强盛帝国的都城居然有这样一个卑微的起源？

我们已经无从考据这个村子最初的形态了。它的模样很可能接近于南北朝乱世时常见的“坞壁”，是一种介于乡村和都市间的状态。后世谄谀的史家认定这个村子有着无可替代的神奇品质，注定会有不寻常的天命降临它的头上，于是他们将大兴村改称为“杨兴村”，意为预兆杨隋兴起的村子（自然，轮到唐朝的御用史家书写时，又把它改称为“唐兴村”了）。

名字其实并不重要。对于神话而言，重要的是一个确凿的舞台，这个确凿的舞台就是“树下”：

> 隋文帝长安朝堂，即旧杨兴村，村门大树今见在。初周代有异僧，号为枨公，言词恍惚，后多有验。时村人于此树下集言议，枨公忽来逐之曰：“此天子坐处，汝等何故居此？”

大树摇曳，把两种完全不同的空间形态——村“门”（树荫下可供穿行的洞洞）和朝“堂”（树荫占据的面积）——附会在了一起。它是一座建筑，也是一个形态不详的地点，是一处空间，同时又是一个由此及彼的节点——门关闭时，可能也是一段路程的终点。

隋文帝的“朝堂”，也就是举行大朝会的所在，是国家政治礼仪空间的焦点。有一种意见认为，和后世这样的场合（比如明清太和殿）不同，隋唐的朝堂实际上不是什么“殿堂”，它看上去更像我们今天所说的“午门”。将之附会为“宫门”所在的“村门树”因此有着模棱两可的建筑学意义：一方面“树下”标定着“天子坐处”，一个确凿无误的特权地点；一方面“树下”又联系着一条“经过”的道路。从今天所仅存的一些古代村路的实例来看，这条道路不大可能通向终端里某个不可冒犯的纪念碑。在大多数情况下，它们是歪歪扭扭的，成了更广大的区域道路中的一支。

更值得注意的是这里提到了作为个体的某“一棵”树，并且点出了它的位置。毫无疑问，这棵树是被赋予了某种神圣的含义的，但即便这样，在中国历史上这样的情形也是罕见的——在“木”“林”“森”的文字丛林里，找出一棵有特征的树，就好像在后世吕大防的《长安图》里找到一座真实的房子那般困难。难得的是，大兴村的这棵树并不是宫门的代指。它并不和别的外物对称，而是独立存在。独一无二的“天子坐处”只能附会成皇帝本身的处所，既是他肉身的物化，又构成他存在的情境。

能够担当起这样不寻常使命的村门大树是不一般的，它隐隐约约地提示着中国古代城市中“自然”和“人工”彼此反转的奇怪纠葛，一般的“起于草莽”的逻辑。但是此处它被美化了的形态有着确凿的物理来由——据说，这棵树最有可能是槐树，或者是隋唐长安常见的另一种树——杨树。这两种高树冠的树看起来都像是天子乘坐车骑的伞盖（或者是倒过来，人类世界的权势需要在自然中找到一种象征物），以及三公九卿的坐处或他们的替代物。

树与人

就连建筑师本人的命运也和这棵树联系在一起。

提议抛弃北周旧都重建大兴城的核心人物之一高颎，便和树有着不解之缘。据说，他就出生在高达百尺如同伞盖的柳树下面。按照迷信的说法，这是预示着“贵人”的出现。高颎除了是一位杰出的政治家和军事家，还兼任将作大匠。在规划大兴城的时候，他便坐在村门树下工作。除此之外，这棵树在视觉上的重要性还有另一层含义。因为整个城市都是以皇宫（大兴宫）的尺寸为模数决定的。由此点（宫门）往北，加上城市道路的尺寸，确定了大兴城南北长度的单位；由此点各自往东和往西，大兴宫宽度的二分之一，加上城市道路，确定的是城市东西的宽度。因此，这棵村门树也是整个城市规划的起点。

严格一点说，“中轴线”这种说法里隐伏着某种自我矛盾：自然中的树都是一林子一林子簇生，从哪一棵开始向四周计数都不碍事，如果是一条“如画”（picturesque）道路两边的树木，那么它们的位置也不妨依道路拐弯和错落；可是，从中古开始，南北朝向的中国都城明白无误地强调中轴对称，“政治”上的抽象基点必须在绝对中央，与此同时，物理意义的“中央”又不能单独成立，毕竟路的中央，至少在那个时候，并没有护栏和双黄线。

就像皇帝本人一样，人们时常可以感到他的存在，但无法真正看见他——按照“模数化”的通行做法，最后成就边线和角点，推理完成之后，最初的那个“中间点”反而得从奉行“两阶制”的建筑体系上抹去。如果仅是强调“对称”，路的中央就应该什么都没有。

因此，在平视宫门的视野里，这棵挡在大道中间的树的存在是可疑的。后来，管理长安的官吏嫌弃它让城市的行道树“行列不正”。眼看着，它难逃一劫……

这时候拯救村门树的是皇帝本人。千年之下，我们似乎还可以看见皇帝凝望着树沉思的表情。看着那棵落单在外的树就像看见了将作大匠本人，隋文帝说：“高颎坐此树下，不须杀之。”

村门树也许因此暂时逃过了斧斤，但它仍有点格格不入地偏离在那些城市化了的行道树之外，没有人知道它和过去的联系——后代更是很少人会想起，和这棵树联系着的高颎其实是落败在杨坚本人的手里。皇帝不忍杀死这棵树，但间接害死了被这棵树荫蔽过的人……曾代替天子，大大咧咧坐在宫门口大树下“检校”的高颎，注定是个悲剧性的人物。

树外

无论如何，村门树的故事并没有就此结束。实际上，这座城市的命运和树密切相关。

大兴城的规模实在太过庞大，并不能靠砍伐几棵树就真正完成。在那个时代，“成”就一座“城”市的含义，不过是在“成”这个字的左边加上了一点“土”：在砍伐移走的树木（村门树的不幸的同类）的遗迹上盖上土路，形形色色的土墙、坊墙、城墙，切断了浓密的绿荫……然而，象征着人类决然但不免渺小的意志的“土”，终究只是一丁点儿，最初那个村庄的尺度虽然被可观地放大了，但中古世界的“城市”的含义相比“乡村”，改变其实没那么大。“自然”还是自顾自地茂盛着，周而复始地枯荣着，并不存在人类在乎的“开始”和“完成”的区别。

你若是在地面上方从外看来，“自然”甚至盖过了改变它的那种力量。对于一座森林而言，无论是其中的一棵树，还是被砍砍削削形成的帝国的驰道，都不那么重要——大约200年后，诗人白居易生活在长安，他于高处看见的依然是一个黄色和绿色相间的巨大“棋盘”。在他的那个时代，长安已经是人口疑似百万的国际化大都市了，可是它的相当大一部分，主要是城南，还是“不见烟火”，大部分是“虚空”的。

在这样的城市中，类似于那棵村门树一般幸存在路中间的树，是人工和天然的同体。它既提示着这是城市秩序的“景观”的一部分，也意味着一种失去的原初可能性的存在——从此我们获得了一种新的关于“绿化”的视角：(1) 村门树本是蛮荒自然的一部分；(2) 它是前者的一种表征，西塞罗所说的经过驯服的第二自然，是村门的守卫者；(3) 它又是对人类存在的一种遮掩，人类的野心腾达得越炽烈，就越需要这样的东西来遮掩。

从此以后，隋文帝走过他的皇宫门口时，还认得出村门口的那棵老槐树，传说中曾经的天子坐席。在一排像仪仗队似的齐整老树旁，它看上去像是站错了队，意外地落了单。树干上钉着一块很不显眼的牌子：

……大槐树，柯枝森郁，即（原）村门树也。

恍惚间，杨坚仿佛又看见长安城的设计者之一高颎在树下闲坐。那个死人的灵魂告诉他，要留下这棵树，并让它与墙之间的风景融为一体。树不仅仅是他们子孙的荫庇之所，也是久远运祚和见不得光的秘密的护身符——远远地觊觎天子座席的人们从此不能窥见树后的秘密，这样，统治者和被统治者就都将感到释然了。

树上

树们现在自己就是墙。长安城的规划者们请它们沿着一个给定的秩序生长，组成一个个自我封闭的圆圈。里面的草木全被砍光，许多无辜的在圆圈中乘凉的人被赶走了。他们并不了解发生了什么。现在这个局面，只能站在城市中的高塔上自上而下地望见。大街上人的视线里单数的“树下”，现在变成了复数的“树上”。

按照这个城市规划者的想法，每个圆圈都要露出整饬的白。人的意志就像野火，烧尽了圆圈里的一切。随之疯长起来的，是树的另一种存在方式：建筑。尽管圆圈里就有那么多的树可砍，但用于建造房屋的大木是从南方砍伐来的，被千辛万苦地运进人的城市，在湍急的河弯里，经受一次又一次的冲刷……为了在旱地上运输这些树木，人们特意把渭水引入了金光门，在西市的旁边挖出一个小水潭，在水潭的旁边，木头们被晾干贮存起来。那些有幸围观的树们环绕着这片白地，看着这些将代表帝国荣耀的木头的沉默。它们接受经年的风吹雨打，直到被推倒、烧毁。

另一些树“长”在黑色的圆圈之中。在建城伊始，这些侥幸逃脱斧斤的树们属于大将功臣们的私产……逐渐，长安不再地广人稀了。白的圆圈固然慢慢变黑，黑的圆圈更格外地黑下去，就像“唐草”的花纹密密地缠绕，直到中心的花蕊和周边的花瓣再也无法分清彼此。那个圆圈的总体设计严整而气象庄严；它的末端发展却混乱、自发，暧昧无序，失去了控制，一片片地剥落……它就像一个被捂住的果实，不会散发出恶臭来，只会慢慢地烂掉。而在腐殖土的表层上，慢慢又长满了新的生机，年复一年……

在京中多年当官的主人，在大道边盖起了他们“妖娆”的甲第。大架的紫藤连着夹砌的红药，连枝樱桃间杂着带花牡丹。那些骄傲的梁柱就像郁郁的林木，慢慢在白或黑的圆圈里长成一片新的森林。在坏死的木心中涌动着新的生命，分不清是人的热望还是自然之葩。

这片森林的边缘，是回环的高墙，从外面是看不清楚墙里的风光的；墙内，在空虚而闭塞的高堂上，也只能看见南山的一角。这真正的“自然”看上去不知远近，天知道它们是不是山水画屏营造出的幻境？

——时间在这里停滞了，一切形迹可疑的人们在其中消遁无形。

树中

浓密的篱墙后的世界是树的世界，它们纠结在一起，把城市分隔成无数互不相关的部分。从此城市消失了，自然又“回到”了人的世界。只不过这一次它们是长在这个世界“之中”，而不是外面。

在后来的唐人传奇中，长安城的树又变成了一棵。

东平人淳于棼的世界有一个意义很明确的名字——“槐安”，字面意思是“在槐树下安顿”——贞元七年（791），淳于棼因嗜酒使气，触犯上级，因此被逐出朝廷守在家中。没想到因祸得福，突然有天两位朋友来访，恍惚之中，淳于棼被引到了一个叫作“大槐安国”的所在。在这里，他先后邂逅了旧日的门客周弁、田子华，又幸运地娶了大槐安国国主的女儿金枝公主，成了南柯郡的郡守。

是的，我们还没忘记那棵村门树。在古代，槐树是三公六卿的伞盖，是荣名和显贵的象征。

淳于棼在“大槐安国”的住宅是极尽奢华的。我在别的地方写过，那理应是一座在水中照见了自己的园林，它的所有秘密都是没有来由的，像是一片湖水全由地下的泉眼喷涌而出蔓延成的湖泊……

要不是守卫这座园林的围墙，或许这个故事就没有什么可以说的了，围墙本身是非常不起眼的。它不过就是一道高可过顶的土垣，土垣之外又是密密麻麻的，我们熟悉的槐树。原来，这是由树的世界的里面向外望的样子……树们浓密的树荫伸向高空，掩没了墙外的世界。在园林中，其实没有人知道，也没有人在乎墙外是什么。土垣大多都年久失修，一小片儿墙面还涂覆着营建时的石灰。时间长了，白石灰都变作了尴尬的黑褐色，有些干脆就已整片地脱落，露出混着麦秸的黄黑的夯土墙身，上面覆盖着一层层的青苔。它慢慢地变得和树丛浑然一体了，偶有残缺的地方，也都用竹篾和着泥土修补起来，只露出一个不大的孔洞，只能容一只狗爬出去。

那个孔洞是一切的关键。终于有一天，淳于棼犯了大罪，很快要大祸临头。正在他急得要上房的时候，却发现原来那个不引人注意的狗洞正是他逃生的出路。他爬出这个狗洞，回头望去，顿时感到天翻地覆。原来，自己正注视的不过自家大槐树树干上的一个树洞。

和我们想象中不同的是，这并不是又一个“梦境”的醒转，淳于棼依然还在同一个故事之中，只是空间崩塌了，故事也露了“馅”，“狗洞”简直就是物理学家们所说的“虫洞”（worm hole）。淳于棼回过头来看到的并不仅仅是一棵大槐树的“外面”，更是一个时间迷宫的开端，另一种生活的入口。

——在那棵大树中，一切都缩了尺度，变了模样。他看着树洞内的自己，而树洞里的那个悲欢人生的淳于棼也正在无意识之中注视着墙外；他在南柯之外时，洞内的世界对他来说是须臾，树不过处于寻常的角落，而洞外的时间对洞内的主人公而言，却是无量数的光阴，无数人生的总和。这两种生活无法相遇，但是“目光”可以时时地翻转，使得彼此顿感错愕；这是一种“双重注视”，是柏拉图的洞穴人（Plato’s caveman）与《格列佛游记》（*Gulliver’s Travels*）的奇怪的焊接。

树中是树，树外还是树。

不算尾声

无独有偶，在后世的城市创生神话中，村门树再次出现了，只是隋文帝和高颎换成了元世祖和刘秉忠，后者据信是大都城，也就是今日北京最初的设计者。叙说元大都掌故的《析津志》中，提到了这样的一棵树，同样拦在路的中央：

> 世祖建都之时，问于刘太保秉忠定大内方向，秉忠以今丽正门外第三桥南一树为向以对，上制可，遂封为独树将军，赐以金牌。

——建筑学家克里斯托弗·亚历山大（Christopher Alexander）反驳说，城市不是一棵树，尽管他随后又解释说，我的“树”并不是长着叶子的绿树，它实在只是一种抽象结构的名字罢了［The tree of my title（A City is Not a Tree）is not a green tree with leaves. It is the name of an abstract structure.］。

如果说“独树将军”是高估了树，那么亚历山大显然又低估了“那棵树”。他的树是复数的，或者说，不是“一棵树”。

事实上，城市确实要比树复杂得多。不过，城市的故事也确实是以一棵树开始的，只是它无法以一棵树结束。

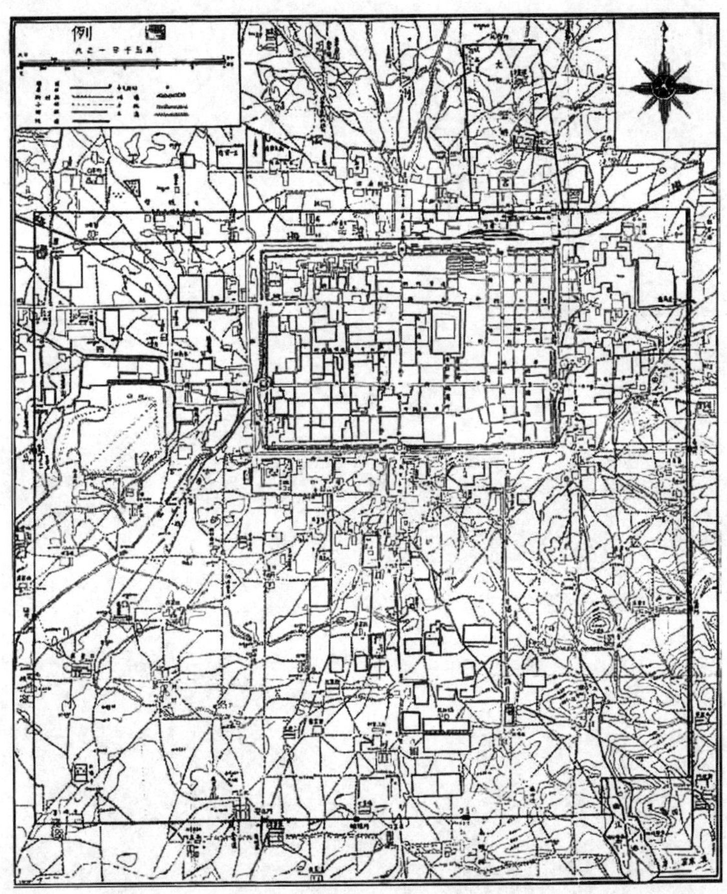

题为“唐长安城探测复原图”（实则有很多错误之处）的这张现代测绘图，显示的是与北宋神宗元丰三年（1080）五月，知永兴军事吕大防主持绘制的《长安图》完全不同的图景。图中可见今天已不复存留的斜向乡野道路与方正的唐长安里坊布局彼此错歧的状况（作者资料）

晚唐：约836—907年

长安的传奇

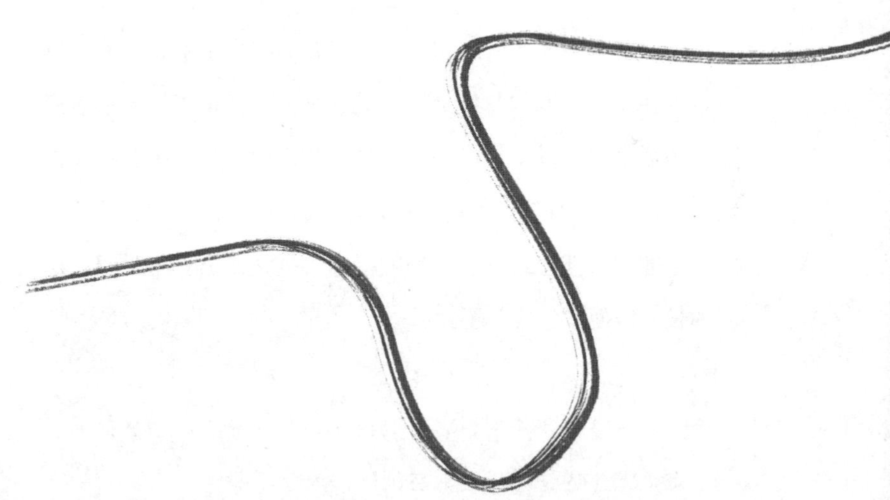

◀ 大雁塔广场（作者摄于2009年）　虽然历经改建，大雁塔一直是唐长安残存地面的主要建筑物，21世纪初，主打“玄奘牌”的大雁塔景区，完全改变了这一地区的荒率气质。

隋文帝开皇元年（581），杨坚代北周建立了隋朝。他本打算就定都在汉长安城的基址上。可是，某夜，文帝梦见城下渭河水涨，滔滔洪水淹没了长安……噩梦惊醒之后，文帝决意在汉长安城东边的龙首山南麓营建一座崭新的都城，叫作“大兴城”，由将作大匠宇文恺总结汉长安城的得失。据说，只一年时间，这座新的长安城便“建成”了：

> 龙首山川原秀丽，卉物滋阜，卜食相土，宜建都邑，定鼎之基永固，无穷之业在斯……

隋文帝因此也成为中国历史上最著名的城市的总设计师。

关于这座速成的城市，至少有一件事人们没法不记住——它是中国历史上，乃至人类历史上最地广人稀的都会之一，大得似乎远远超出实际的需要，人口史论者多有认为其规模容量已经达到百万。要知道，如果此论成立的话，那就意味着1000年以后清代北京的人口也不过是隋时长安的规模，但是清代北京城的尺寸远不如后者。

但是这个美梦从一开始就隐藏着隋文帝式的祸患。伟大往往失于脆弱，美梦有时会转化为梦魇。

唐代定都长安后，将隋大兴城的名字又改回了汉代以来的“长安”，并进行了增修和扩建。流有陈寅恪所说的“精悍之血”的唐初二帝，似乎没有前朝君主的忌讳。不像某些都城是慢慢扩张，长安一开始就奠定了“无穷之业”的规模。它的基本手法就是“化家为国”，首先划定宫城，也就是天子之宅的大小，然后再依次推演出皇城和里坊的模数，依次扩大到全城，演绎出一个俄罗斯套娃般的城市。大大小小一百多个比例同构的方块，组成了庞大的嵌套结构，精确规定了未来300年城市基本用地单元的规制，以及不同等级、身份长安人的活动空间。这种“远见”似乎过于超前，以至于到了唐朝灭亡时，“围外地”，也就是城南的三分之一的区域，还是虚空的空地。

宇文愷理想中的长安城呈现出一个貌似严正的空间权力秩序：坐北朝南，由外及里，中央对称。可是，由于一个或许是偶然的原因，长安城又呈现出总体东南向西北倾斜而下的地形走向，且起伏颇为剧烈，构成由西南到东北纵贯全城的六道岗原，习称“六爻”。这和城市中正笔直的轴线以及方正阵列的城防的逻辑之间，有着与生俱来的矛盾。不规则的地形，打破了横平竖直棋盘格的均势，让特定的居高临下的角度在视觉上占了先机。城市格局中新的矛盾出现了。

比如，即使面南背北也总还有个“背后”。“背后”确实是无比脆弱的。在京城，好几次袭击的确都是在皇帝的身后——北边，进行的。这里包括“泾原兵变”之中朱泚和勤王军的决战，包括唐玄宗早年“唐隆宫变”时从北苑突入宫城的冒险，更不用说，在城市的北边还发生过史官们从来讳莫如深的大事件——唐太宗李世民杀死自己兄弟的“玄武门之变”。在自己的身后，皇帝不安置任何多余的摆设，只安下一扇理论上没有“背面”的屏风。屏风后被阻挡的一切，在心理上仿佛都不存在了，那里只是一片空荡荡的宫苑。城市的北边也不开门，皇城正南的四列三十六坊，因为向北正对皇城和宫城，设计者认为“北出即损断地脉”。《长安志·唐京城》说：“不欲开北街泄气，以冲城阙。”

淹没了长安汉魏旧城的是一次滔天的洪水，是自然的灾变。但是，人类世界的各种凶险更不容忽视。令隋文帝费力逃离的那片低洼地，并不是噩梦发生的唯一原因，还在于新的长安城的宫城，太极宫，尽管制度严正，但依然地势卑下。或者说，虽然在心理上能俯瞰全城，但同时又处在一个相对不利的地理位置。据说，染有风疾害怕湫湿的唐高宗受不了这种折磨，才于龙朔三年(663)，在城外，原外郭城的东北龙首原上，新建了大明宫。其实，大明宫在贞观八年（634）已经初创，高宗此时只不过为其营建找到了一个更合适的理由。大明宫成了唐代后期实际的政治中心——宫殿的地址特意选在城外，而且缩在了更北更高的地方。它比太极宫更大，而且依于地形，有山有水，大部分并不严格对称。这样一来，此时的长安就不再是宇文恺规划中那个方方正正的对称形状了。

这种恐惧身后会突然受到袭击而陷于身段僵直的迫害狂想象，也体现了中国传统空间政治学的基本逻辑。君臣之分，首先体现在彼此视觉上的尊卑关系。韩非子说过：“道在不可见，用在不可知……见而不见，闻而不闻，知而不知……掩其迹，匿其端……闭其门，夺其辅……大不可量，深不可测……”在皇宫“天门”的后面，保持沉默的权力画出了一个不容觊觎的禁域。一切“见而不见”，它就维系了自己对臣下的神秘。建筑师们心领神会的是，“不可见”并不是真正什么都看不见，而是心（政治象征）、眼（政治形象）和身（政治活动）的适当分离。城墙是用于“不可见”的，城墙所塑造的空间还是要承载某些现实功能。隋文帝速成的长安城本来只有夯土围墙，直到永徽五年（654），两次整修外郭墙，才在东、西、南三面9个城门上修建起高大的城楼。

危机出现在不多见的时刻，那一刻象征、形象、活动同时涌现。只要还有一个活人坐在屏风前的榻上为人所见，皇帝就不得不用自己的脸定义一个“朝向”，以便和群臣们发生多维的关系。假如统治者没有小心维系平衡，就会给臣下和他自己带来很多的实际问题，比如唐玄宗李隆基在位的时候爱看马球，一种从游牧人那传来的狂野游戏。可是他有个很奇怪的规矩，那就是无论比赛如何激烈，“殿前不打背身球”，球手在大球场纵马击球的时候，一定不能背对皇帝随便给他脊梁骨看。显然，这种被控制得很好的礼仪和剧烈的运动之间是有矛盾的。

更可怕的是有些公然挑战这种空间设定的乱臣贼子。这方面最有名的故事还是有关唐玄宗的。从天宝年间开始，粟特人安禄山成为李隆基的宠臣，两人不恰当地拉近了距离。玄宗夫妇打量安禄山时，安禄山也会毫不客气地窥视玄宗。被看得不好意思的杨贵妃，只能把老大不小的安禄山当一个胖儿子看待。《开元天宝遗事》记载，每次朝会的时候，安禄山常经过含元殿的龙尾道，居然会“南北睥睨”，一会作出臣子仰望的姿态，一会又回头去返身往下看，体验一下皇帝君临的眼光。

按说，安禄山应该为他的大不敬付出代价，但是如同白居易那样的诗人所描绘的，玄宗本身是个风雅皇帝，他和杨妃以爱人相称，喜欢跨越天上人间的分别，勇于打破长安空间的禁忌。开元二年（714），在外郭城东面春明门内的隆庆坊，也就是自己的“龙潜”之地，唐玄宗营建了与皇城、大明宫三足鼎立的兴庆宫。兴庆宫最非同常规的是，它甚至没有大明宫由丹凤门入朝的那一段基本的中轴线。宫内给人印象最深刻的，是一泓谈不上什么形状的“龙池”湖水。玄宗朝的某些大朝会，不是循例在太极宫的天门街广场举行，而是别出心裁地发生在他临街建造的楼阁上。他给楼阁起的名字都很好听：勤政务本楼和花萼相辉楼。开元十四年，他又在外郭城东墙外修筑了与东墙平行的城墙，以便自己可以从兴庆宫潜到南城游乐而不被人看见。玄宗发明的这古代的立体交通，美其名曰“夹城”——“见而不见，闻而不闻”，玄宗大概自认为，自己完美地解决了韩非子的政治形象学难题。

后来发生的事情尽人皆知。唐肃宗至德元年（756），安禄山叛军攻入了长安——快200年的升平岁月之后，这是长安城的神圣地位第一次受到玷辱。昔日朝会时安禄山操练的一切成了现实。次年，名将郭子仪、李光弼率兵收复长安。但不管是天门，还是大明宫前丹凤门内的一切都已经不再神秘了。派兵勤王的回纥叶护与唐军提出“破城后城池归李家、子女玉帛归叶护”的屈辱之约。长安不可冒犯的荣光已经走泄。

此前，长安的危险只是小民的危险，只是破坏毕竟有限的水火之患。这以后，真正的灾变将会一而再再而三地降临。历史证明，无论是沦陷还是光复，长安城就没有过什么像样的攻防战——它实在是太大了。安禄山之后没多久，唐代宗广德元年（763），来自西南的少数民族政权吐蕃短暂攻入了长安城，在城里胡作非为了15天。最终，靠着郭子仪的威望，勉勉强强，才令吐蕃退出了这座正走向黄昏的城市。唐德宗建中四年（783），因为军饷的纠纷，一小队在泾原兵变的叛军占据了长安。这些征服者得手后毫无例外地效仿安禄山。《资治通鉴》卷二二八描述：

> ……乃擐甲张旗鼓噪，还趣京城……陈于丹凤门外，小民聚观者以万计。上召禁兵以御贼，竟无一人至者。贼已斩关而入……贼入宫，登含元殿，大呼曰：“天子已出，宜人自求富！”……（朱）泚按辔列炬，传呼入宫，居含元殿，

设警严，自称权知六军。

尊贵者的天台，也是僭越者的舞台和看台。

其实，这种结局一部分归咎于长安自己的统治者。过于自信的玄宗，不仅给安禄山安置了一把在身旁的椅子，早已“平易近人”得不恰当了。他的眼光偶然扫过早朝时趋班的百官，注意到一个老帅哥张九龄风仪秀整，风度翩翩，就仔细地打量着他，亲切地告诉旁边的人：“朕每见张九龄，精神顿生。”他登上等同他在民间私宅的兴庆宫宫楼，兴致勃勃地眺望东市的十丈红尘，还给他眼睛的自由贴上一个带有儒家思想印记的名称：观风（俗）。

这种有关“看见”的新意还带来一种新的“看不见”。长安城隐秘的新风景是人，超越于宇文恺规划的秩序之外。不同于宽广平直的大街，坊内显见的道路之外，这时出现了细小自发的城市组织。庶民和不愿遵守自上而下秩序的长安客，现在各自去寻求自己的乐趣了。宿白认为，“曲”的提法大约是天宝年间才形成的。同样也在这一时期繁盛起来的传奇小说中，许多扣人心弦的场景都是在这些“曲”中开始的，而且它们大多和不循礼制的男女欢爱有关。后来，“曲”似乎单独用作地名指称，如著名的韦曲、杜曲、薛曲，未必都在长安城内。但是，“曲”同时也是一种城市的别样况味：与坊、市、闾、里、乡、街、巷等并称，即坊曲、市曲、闾曲、里曲、乡曲、街曲、巷曲等。除了是一般性地指涉道路体系末端的名称，它的字面意义，似乎也暗示着这都是些不入规矩的暧昧地域。

没有任何地图绘制这些长安深处的所在，但是它们在唐人记述中无处不在。就像瓜果在浓密的树荫中挂了太久，沉积的糖分带来了甜蜜的同时，也带来了腐烂的危险。

危险演变成悲剧，长安的结局是惨痛的：“神在山中犹避难”（韦庄《秦妇吟》），“破却长安千万家”（徐夤《牡丹花》）。可是，五代之后，城市规划史中也分明这么写道：中国的城市冲破了中古时代的束缚，全面的管制逐渐松弛，存在人身依附关系的门客、部曲不再是城市生活的主角，市场未必集中于一两处，商肆和人家无视禁令而“侵街”、向街开门——新的城市生活样式出现了。

祥龍石者立於環碧池之南芳
洲橋之西相對則勝瀛也其勢
騰湧若虬龍出為瑞應之狀
容巧態莫能具絕妙而言之也
廼親繪縑素聊以四韻紀之
美蜿蜒勢若龍挺然為瑞獨稱雄

宋代：960—1279年

地下的艮岳

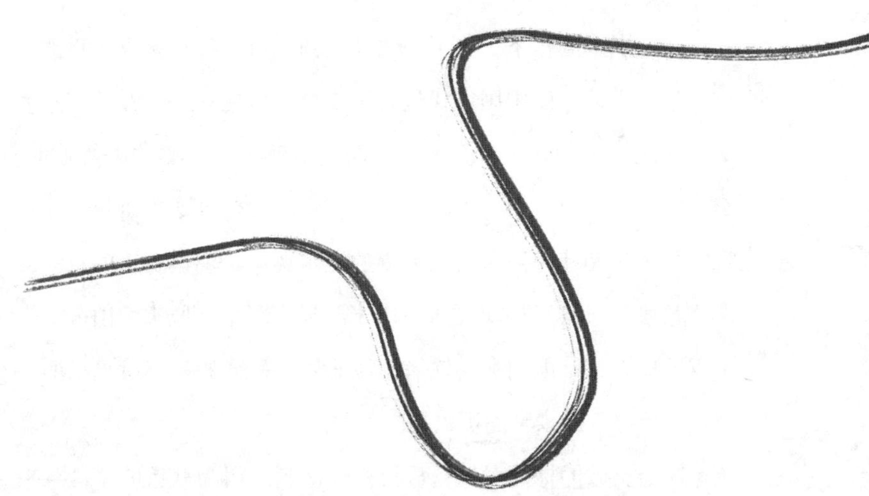

◀ 宋徽宗《祥龙石图卷》局部（上）；北宋开封州桥遗址发掘现场（下）（夏燕靖摄于2023年）

一个岁末的日子，为了一位友人的托付，我在雾霾浓重的开封考察艮岳，一座中国古代最著名园林的所在——活在《东京梦华录》之类的回忆录里，或是《清明上河图》之类的风俗画里。“东京”本是一座过去时的城市，但是它的空间要实地测量才更“带感”。2000年来或天灾或人祸的洪水泛滥，使得身边的黄河成为“悬河”，开封城被埋在9—12米的泥土下了。原来的山巅，现在成了地表，就如同那座铁塔比地面还要稍低的基座所显示的一样——历史，原来真的可以在脚下的。

这个负数的标高对艮岳显得格外讽刺。因为艮岳的“艮”来自周易的“艮”卦。一般的解释，是嫌弃宫城所在太低，因此人造一座崇峨的山岭，以增形胜。在当时，艮岳理应是城市中一望即见的所在。讽刺的是，最终这山落入地下，高度变成了深度。

北宋靖康元年（1126），金军南下围城，城内秩序大乱：“都人相与排墙，避虏于寿山艮岳之颠。”次年二月初七中午，在上万名金军骑兵冷冷注视中，汴梁人在城市的最高点目睹了一段繁华盛世凄切坠落的过程：大批皇室女眷从内廷鱼贯而出，哭声震天，经内侍指认点验后，她们和那个风流天子宋徽宗一起，正式沦为了金人的俘虏：“太上后妃、诸王、帝姬皆乘车轿前进；后宫以下，骑卒背负疾驰。”去往北地的路上等待着她们的，将是1000里充满难以言喻的侮辱和死亡的路程。

就漫长的失败过程而言，这残酷的受降仪式既非开始也非终了。事实上，东京早在数月前就已陷落。就在金人进城之前，分明是宋人自己毁屋作薪，斫尽了芳林里的大木，连御苑的山石都拿去做了投掷的炮丸。锦绣在自己手中一点点碎成了齑粉。自来优柔寡断的宋室“难战”又“不和”，眼睁睁地看着卉木清赏摧折成了守战之具，辛苦经营一朝丧尽；而另一方面，残暴的金人又似是虐待狂，让手中的猎物承受碎切慢割的死亡之苦，而不作痛快的了断。一路洒落的女性的泪与血，也即是一代名园艮岳的命运，是转头陷入沉默的历史所注视的无边的黑暗。

遭受了如斯奇耻大辱的宋人，对此可以理解得讳莫如深，时人幸有笔记文字，如《开封府状》《南征录汇》《青宫译语》《呻吟语》《宋俘记》等。有别于《东京梦华录》《梦粱录》默默散逸的感伤，“靖康之耻”的状词可谓一字一惊雷——那不是衰老的大树一朝轰然去势，而是“眼看他起高楼，眼看他宴宾客，眼看他楼塌了”，是朔风中一路肝脑涂地。

宋徽宗营造的艮岳，东京梦华的代名词，由此变成了一个神话。虽有胜词作传，艮岳的魅惑不在它的初创，而在它悲剧性的沦丧，在于记述它末日的寥寥数十言中，在于后人对环绕着艮岳的无边黑暗与不安的想象中。后来，在《金阁寺》中，三岛由纪夫谈到这种美和毁灭的关系犹如明月与夜空。艮岳，或也正是作为黑暗时代的象征而建造的，三岛的文字可以直接拿来描述艮岳，那我们永远也不会再有机会目睹的艮岳，一切该是"……以涌现在其四周的暗黑为背景。在黑暗中，美丽而颀长的柱子结构，从里面发出了微光，稳固而寂静地坐落在那里……"。在永恒的时间之河中，这种美"……必须忍受着四周的黑暗"。

艮岳究竟在哪里？不同于很多已经被现代建设彻底破坏的遗址，也没有汉魏洛阳故城上无休止的耕作，它有点像是庞贝。由于三维空间上的错位，给未来埋下了一颗与众不同的"时间胶囊"。

它露出的鼻尖尚属完好，但是面孔已经模糊了。2022年被评为"全国十大考古新发现"的北宋东京城州桥遗址，证明地下的开封很可能保存得尚属完好。"州桥"，意为桥在汴州之南门，始建于唐代建中年间（780—783），经历了宋代"天汉桥"的辉煌，后经金、元、明修缮、改建使用，至明末崇祯年间，终被黄河灌城后挟来的泥沙淤埋。这期间城市的命运一直起起落落，包括在端平元年（1234）著名的"端平入洛"中，宋将全子才收复汴京城时，它已由超过百万人口的繁华都市，沦落到只剩1000多户，桥曾“正对大内御街”连接的皇宫不复存在。但是这座砖石结构的单孔拱桥，修修补补却依然保留了宋代的大体样貌，包括精美的巨幅石雕祥瑞壁画。桥一直都在城市的要冲，但你不一定看得见它。

即使置身其中，践履其上，我们也无法确知艮岳是什么样子。在将兴建疑似主题公园的荒地上，我们看到的只是垃圾弃置满地。但“它就在这里”的兴奋感又如影随形，时至今日，站在龙亭北路豆腐营街段向西北、东南方向看，仍然可以察觉一些开封城内不太多见的地形变化。我们也许正漫步在艮岳的头顶上。

毕竟，是天子的气度和胸襟，才令它危踞于平地之上的。那曾经出现在每个东京人视野中的庞大构建，由全国产区搜刮而来的材料一土一石地堆砌起来。其中巨硕者，一块叫作“神运峰”的核心奇石，即令当时胜载的船舶，也要数十艘并排才能放下。不同于其他任何中国古代遗址，艮岳不是一堆建筑物的总和，它不止于此，但它也不是纯然的景观。

不像其他已被夷为平地的古代杰构，实际上，这样的“纪念碑”是不大能被古时的人力摧毁的，只能被缓慢淹没。1642年，李自成引来黄河水灌入开封城，艮岳的视觉高度才打了折扣。直到清朝初年，艮岳的一部分还暴露在地表以上。不像后世那些纤巧的江南小景，它透露着古时上林、兔苑的风范，“法天象地”，在京师坦阔之地，生生营造了一个象征符号般的迷宫。它是古代社会中难以企及的奇观，不仅尺度可观，更是一座露天的自然博物馆，“而天造有所未尽也”。它是一个袖珍的“世界之窗”，搜罗“天下”“四方”的珍奇卉木，“不以土地之殊，风气之异，悉生成长养于雕阑曲槛”。“艮”的大号，隐含着一种以不变应万变、不战而屈人之兵的神话——可是“艮其背，不获其身”。越是拥有丰厚的过去，人们就越无法把握它那埋葬的整体。

艮岳在哪里？因为置身地下，它不能以“远”“近”计。但这空间的深度同时也是历史的量度。有意思的是，现在我们毕竟有了一些线索。在想象这个时期的建筑或风景之时，我们破天荒有了更多的图像凭据：古代帝王中头号艺术家宋徽宗背后，是中国历史上第一个不仅有名有姓，而且“有模有样”的城市。

宣和画院所描绘的，不一定都是现实主义的。从现存的画作中，我们可以看到君王激赏的园林名石，一窥云气缝隙中的杰阁飞甍，但是它们本来或许是不欲被人看破的。在这幽茫的历史的遗址中，企图寻求的道君皇帝的昔日梦境，本该是梦一般的境界。就像园林自身的命名，人解《易》皆有不同，所给出的分别关于偏和全的卦辞，就蕴含着显而易见的矛盾，预示了千百年来艮岳考古者盲人摸象的命运。我们努力辨识古时的地貌风水，但地形终归不等于构造。知道它，并不意味就可以了解它。在今日的开封街头，问起艮岳的所在，人们只能回答你：“可能吧”“大概就”和“应该是”……它就在这里，我们脚下被泥沙包裹的黑暗就是艮岳。历史并没有远去，废墟的“里面”自是另一座幽晦的巨岩，相对于过去的地面依然高危。然而，它无可奉告，不可到达。

艮岳常要为“文艺天子”的祸国殃民负责，但这种巨大而似无用的文化建构，并不是没一点文明的逻辑。赵宋王朝的奠基人，曾经目睹了唐末乱世的火光和血灾。在文治武功之中，赵匡胤聪明地选择了“杯酒释兵权”。由动入静的积极成果，是“近岁风俗尤为奢靡，走卒类士服，农夫蹑丝履”。无论是在徽宗的画卷里还是在现实中，锦绣河山的大块都渐渐成形了，慢慢有了“模样”——那个曾经困扰唐贤的巨大的命运旋涡，宋朝的统治者设法使它收缩内卷，消磨的人事一度压过了喧嚣的边塞之声，貌似大大地延缓了灾祸的到来。但是，退居朔方的胡气并未因中国的颟顸从此消匿。就好像写实主义和文人笔意的艺术传统内部之争，从来与《推背图》是否准确无关；后者，是假托过去对未来的某种判词，透露了艮岳时代的命门，足以焚琴煮鹤。

远远的，西伯利亚的风暴依然在它的策源地卷积……

或有人解卦说，“艮其身……艮其趾，无咎”，主方消极低落，未必全是坏事——“无咎”，如遇较弱的客方，便也动静相宜了。显然，历史发展的最终轨迹不是这样。“震者动也。物不可以终动，止之，故受之以艮，艮者止也”——最终，这种向内的卷积和涌动，只能薰薰于自身。又有云，“艮”，重山之喻，去路不通，祸在东北——只有在这岿然不动的卦象中，我们才能如此深刻地领略画地为牢的困顿：文化可以是文明延烧后的灰烬，灰烬的闪亮也许只是最后覆灭的征兆。

它让我们领略，陈桥驿那个自以为得计的督军，其实依然走在长安覆灭者的老路上。他紧致的绣袍包裹的躯体的命运，并不因为解下了内围的铠甲而有本质的不同。一厢情愿地为他的山命名为“艮”的宋朝君主，无法想象西伯利亚荒原上的风暴——

“游牧人是不动的”，对他们来说动即是常，千百年来变动不居的游牧人对动荡习以为常。反倒是渴望安定的中央帝国，总是在他们恐惧的变乱里收场。

在王朝的余年中，艮岳变成了一座可以飞行的城堡：它既在那里，又已分崩离析，既未完全损坏，又从不为人所知，既为“天下之杰观”，又为天下最终变乱所毁弃。汴梁沦陷前，自己人已在乱中劫掠。金人在攻陷汴梁之后，更是特意将艮岳能搬走的都搜刮一空，作为战利品——或许正是这般的艮岳才催发了人的心志：美谀、玷染、挥霍、破坏……无论是十丈红尘中的贪婪人生，还是天边席卷来的腥风血雨，它们的底色都是千年万岁、无边无际的阳春烟景，使人迷醉，同时又油然而生觊觎之心——如同杜甫在《秋兴八首》中所说的那样，长安好似巨大的棋局（闻道长安似弈棋，百年世事不胜悲）。中华文明也正是这样一个从未安定的博弈之局，方正的纹枰间，只等来最凶悍的弈手翻盘；宋徽宗的宣和画手们，甚至主动成了如此变局的记录者：它铺陈官方的辞令，同时也造就意义的黑洞；锦帛上的皴染可以是清平的瑞象，也可以成为天边的阴云。

霎时间，天崩地裂，飞沙走石，象征崩塌了，画境泯灭了。“艮岳”真的毁灭了吗？它的结局其实是模糊的。据说，围城时汴京大雪纷飞，败后天气竟诡异转好，仿佛是为了让人间的眼睛得见它最后一面：“丘壑林塘，杰若画本，凡天下之美，古今之胜在焉。”据载，靖康元年（1126）十一月某日，应该是大雪初霁天光不赖的一天，毕竟，还有这新晴的风景。平日不得涉足御苑的大梁百姓，避难于美不胜收的阆苑中，遥望城外的烽火，不知是喜、是悲？围城战里已经残破不堪的都城，再经劫掠后被拆解运往金人统治的北方，几乎很快就不剩什么东西。待到来春，号称“天下之杰观”的艮岳，便是一片丘墟了。

这期间究竟发生了什么？“成、住、坏、空。”

我们知道这座如今已荡然无存的空中花园的一些身后事：某石某峰，后来装点了从南至北的某个名园或豪宅。历历的账目和已经靡费的热情，充满了“有”和“无”的张力。后人将此铺陈为因果报应的故事，比如汴梁曾有个姓燕的工匠的小押为“燕用”，他题签的艮岳建筑，后来即“为燕人所用”——如同《推背图》，它预言了这些繁华楼台将被反复播迁的后事，宛如阴冷的谶语，把赵佶的五色祥瑞都异化成厄运的黑云。

金人，也就是将汴京楼台拆毁搬至北方的“燕人”，得志的时间并不长。就在差不多100年后，他们的子孙遭受了类似的命运。用宋人锦绣点缀的金人都城，被更强悍的游牧民族攻陷屠戮，不得不退往他们曾经毁坏过的开封，在那里迎接自己覆灭的命运。这一次，被后来居上的蒙古征服者和急于复仇的南宋军队共同夺回的汴梁，竟然只剩下数百人家了……就如同唐长安的结局：“百万人家无一户。”被金人大卸八块的“艮岳”继续远行，落入了一个更大的命运的循环之中。在今天的北京，北国高天的萧瑟气息里，你或许还可以感受到艮岳遗物所携有的阴郁气息，比如北海琼华岛的东北石坡，中山公园四宜轩旁的“绘月”，社稷坛西门外的“青莲朵”。更不用说，再往北走，还有不少难以描摹的经“燕用”的无名弃料，或许就躺卧在西伯利亚寒流时时卷过的冻土层里。他们或曾属“花石纲”，来自江东，抑或产于淮北……南方—中原—燕京—松漠，从北京笔直再往北行1000里，金和宋共同的终结者蒙古人建立的上都，曾有一座高耸入云的“大安阁”，据说就是由汴京的“壶春堂”，金人所说的“熙春阁”，拆卸重建而成。

如果这些传说都是真的，那么，在那里，在蒙古的草原上，才是流离的艮岳碎片最后的终点。

此“艮岳”无情的真实，补充了有关我们脚下这个“艮岳”丰饶的想象。其实大部分的山石应该还在厚实的河泥中，艮岳并没有离开，它不过是潜入了故地的黑暗中，继续消磨着它的子孙。或许，它就是米歇尔·福柯所说的，它是“同存于现实、对称于现实而又不同于现实的‘异邦’（heterotopia）”。如同三岛所言：“这一切与其说是金阁本身的美，莫如说是我倾尽身心所想象的金阁的美。”创造出这种美的东方人，既然“……以涌现在其四周的暗黑为背景”，那么他们也将长久地“……忍受着四周的黑暗”。

两种艮岳都有可能是真实的：一为荒芜的历史，一为繁华的梦境——只要汴梁的子孙还能感受得到它们，那些谶语的魔力就并未真正消失。因为就算是金阁寺，“单单持续550年耸立在镜湖池畔是不会成为任何事物的保证的……我们的生存骑在其上的当然前提就是一种不安——明天也会崩溃的不安”。

北宋开封州桥遗址，宋代堤岸保存完好的石雕祥瑞壁饰构成巨幅河堤长卷（上），州桥遗址民居，道路和排水系统（右下）（夏燕靖摄于2023年）

元代：1271—1368年

在大都的阴影中

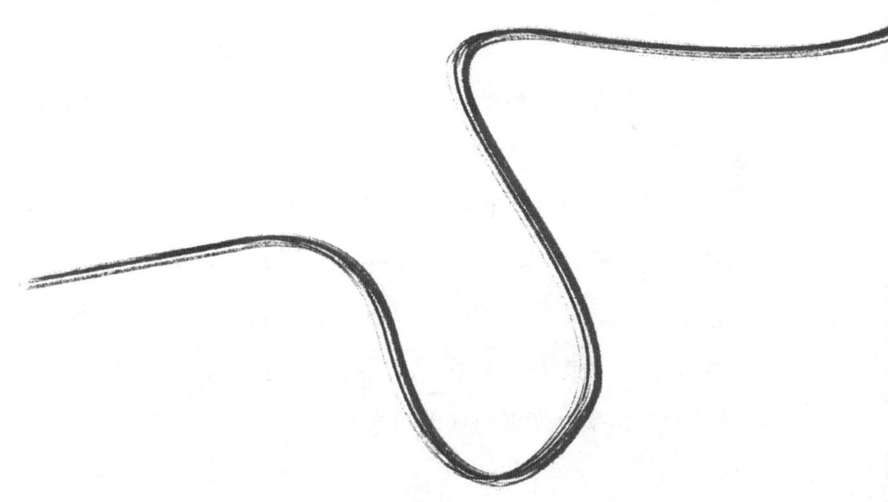

◀ 元大都和义门瓮城城门遗址(《考古》1972年第1期)　该遗址于1969年拆除北京西直门箭楼时发现。

多少年来，我一直想写写北京，这个我此生生活过最长时间的城市，但是又觉得无从开始。在这里，即使过去发生的事情，和当下也有着太过紧密的联系，让人难以保持冷静——比如，“颐和园”，不独是某年我目击的古建筑测绘的现场，更是一部电影的名字，使人一下回到年轻时特定的时刻，或者回想起一个当代史的场景。又：即使作为生活的容器，北京也并不那么截然的亲切，谈不上绝对平易近人。只要你在这经历过一轮完整的四季，同时体验过高爽的秋季和凛冽的冬天，就能对这一点有所体会。

与此同时，我又找到了一个新鲜角度，用于重新发现你熟悉的城市，既与出脱了寻常的时间有关，也和特异的空间有关。那就是，城市里仍然有很多不属于这个时代的东西，但用不着有

“××文物保护单位”的标签——没来北京之前，我很难想象首都也有这样的去处。现在，我终于明白，比起那些挂着铜牌的地方，它们更接近真正的历史。正是因为没有被“保护”，它才“完好无损地残破”在你的身边，和你此刻的感性建立了最直截了当的联系。如上所述，这种完好往往以破败的面貌呈现，因为拿出冰箱的食物必会长霉、腐坏、朽烂。已经剥落的历史，恰好因为残缺不全，才在你的想象力之内，激发起你无尽的想象——就像没有大修之前的故宫，更像我们期待中的“故”宫。

一

上大学时我第一次去北京，就看到了这样的元大都土城。这是在北京师范大学和北京邮电学院西边的那一截——西土城。它有一个修饰过的端头，包砌着现代的材料，呈现出城墙上窄下宽的剖面。除此之外，它就完全是一截土岭，时而高大，时而低伏，向北延伸好几千米。然后，在北京电影学院小区的北面又改为东西向了，断断续续，一直到芍药居附近都看得见。那时候，这个地方还谈不上是“公园”，更没有大规模的广场舞活动，没有以此命名的地铁站，就连“土城”这个地名，也不是所有人都叫得上来。据说，在西土城对称的地方还有东土城路。可是，我实地去看的时候，什么都没有找到，那里只有一道水渠，和西、北土城外的“护城河”情形相仿。

第一次看到西土城让我十分惊讶。如果不是亲眼目睹，在外地，很少有人会向你提到它的存在。历代歌咏北京的诗词不少，因对老城墙和城门感兴趣而写的著作也很多，但绝大多数都是关于明清时代的。只有到了这，我才意识到，北京的起点是一座已经看不见的大都城，是马可·波罗和卡尔维诺描写过的城市。我几乎记不得有谁曾经写过元代的“荒城”或“故城”。

不是“大都”，而是大都的影子。

原来，现在二环路的北边，历史上并不是一无所有。只是，我突然想到一个问题，有关这明明白白的废墟和曾经的新建之间的关系：历史书上写着，明清北京城放弃了北边约三分之一的元大都城面积，同时向南拓展了一截，也就是从约今长安街的位置，移到了前门东西大街一线。明初人们另起炉灶并不难理解，可是，那些已经被放弃了、但很难尽快移除的前代城垣，难道是被干净利落地拆光了吗？如若不然，那么，就像扬州历史上的新旧城圈的关系，这荒芜的一段毕竟还要和新建的城墙相邻，这岂不是就对未来的敌人构成了军事上的价值？（既然这两座城市实质上是部分重叠的。）

明末，李自成由昌平直取北京，就是首先出现在土城附近的。鉴于它今天依然可观的高度，大顺军的游击部队一定不会错过这个地标建构。他们会攀爬上城垣，由此观察城内。骑兵甚至可以顺着不算很陡的土坡直接上城。让我意想不到的是，大都城垣可能比明清北京城还要高大。后者因为一直保留到中华人民共和国成立之后，数据基本准确，最为高大的北城墙，高度也才12米不到。但根据测算，元大都土城高度可能在16米以上。大大超过明清城墙高度。[1]

事实上，土城今天依然存在，其中的信息已经明白无误，这些更早之前的城市边界，不容易完全消失。若非近代有了强大的工程设备，就古代而言，在原本的一片荒芜中移走巨大的土堆，既没有可能也无必要。向东、西、北三个方向延展的这些土堆，说它们是大都的“影子”，有好几重含义。首先，在基本没有地形起伏的北京（平地而起的建筑物，连太和殿高也不过26米），比地表高出太多的这些城墙，确实会投落浓重的阴影，在没有高楼大厦之前尤为显眼。其次，“影子”是视觉层面的对比。城市环境里的废墟，容易被等同于一片嘈杂的背景，脏一点的，像垃圾堆、工地，收拾干净了，也就是没有来由的风景，遛狗忘了铲屎也不用内疚——因为过于破落，人们对土城往往视而不见。最后一层的“影子”，是有关意义的。由于平日里的漠视，你一旦告诉路人这里发生过的一切，往往会引起他的困惑，那是“无意义的有意义”：相对于繁华的现世，这些不容抹杀却又对当代人如同一片空白的前朝旧迹，等同于一片鬼域。

在中国北方，游牧民族从无到有建立起来的大都城，其形制显著地离开了中国中古城市的传统，这种转变让人觉得不可思议。传奇的马可·波罗明确地描述说，大都皇宫建筑“顶上之瓦，皆红黄绿蓝及其他诸色。上涂以釉，光辉灿烂，犹如水晶”。

---

1. 由于结构的问题，夯土城墙的宽度均大于高度。明清北京城城墙大多不超过12米，底部宽度则可达24米，高宽比达1:2。元大都城墙的截面则是更明显的梯形，底阔上窄，高度也更高，可达16米，高宽比推测是2:3。

直到近代太平天国运动时期，这种红红绿绿的彩色琉璃构件，依然吸引着西方人的目光。但这种构件并不是唐宋长安、洛阳和开封的趣味。关于马可·波罗本人生平的争议，不比大都的设计少。他就像一个幽灵，从未出现在中国方面的著述里。他观察到的城市图景，到底是神话、是夸大还是确有其事，一时也难以确认。但大都已经被覆压，被消解，被荒置。“它在那里”，但又和汉语中的马可·波罗一样，无从考据，无影无形。

直到20世纪90年代初我到北京的时候，属于元大都土城的那一片区域，从北二环开始，包括今天三环路北在内，发展得依然很不充分。在侯仁之等人复原的明清北京历史地图上，城外是以一片空白表示，就好像世界在那里戛然而止；而在徐苹芳、陈高华有关元大都的专题研究里，这部分的里坊结构是以虚线表示。虽然历经考古发掘，已搞清楚了大都城北部房屋的尺寸模度，但毕竟只有点状的发掘，一切只是“推测”，不像二环路以内我们脚下的北京，是肉眼可见，能言之凿凿的。不像元大都城，明清北京城，是一种“眼见为实”的历史。

这便浮现了一个历史城市的核心问题：对于一砖一石建设起来又一砖一石消失的城市，我们知道历史、理解历史和确认历史，是三个不同的维度。

显然，元大都的整体，不是我们仅仅依据现状可以充分理解的。更不要说，更久远之前的北京——金中都、辽南京，可能还有更早的幽州城——虽然是在同一片土地上，却缺乏直观的理解基础。这或许是因为人们理解时间的方式，通常基于“经历”。

因此，有限的生命经验决定了有些历史是直感（就算是你还记得的事，往往也因为太早而漫漶不清），有些则只能是因为“我熟悉你（你的父母、祖父母和曾祖父母……），所以我理解你讲的事”。理解空间，更只能“眼见为实”。虽然看得到的东西本身也经历了时间的摧残，土城并不真的是元代的样子了，但我们至少感受得到它的整体，于是才能整体推测更久以前发生的一切，正是“我熟悉你今天的样子，所以我理解你的过去”。

二

正是在土城这样的断片中，大都才慢慢浮现的。在故宫博物院，我们发现熙和门外、武英殿以东，有一座石桥（断虹桥）看上去远比附近其他的建构更为古老。发现它，并不仅仅是找到一件更值钱的文物，而是关系整个城市的空间考古。桥可能位于重要建筑的要路上，让我们联想起争议中偏西的元大都中轴线。如果只看局部，城市那些更有质感的残片，往往反而误导人们对历史整体的认知。不同于祖父母叙说前朝往事，如今我们全凭想象，用城市历史遗迹以小见大，会对理解城市的过去造成更直接的影响。

尺度更大的城市遗址的意义，本是连琳琅满目的博物馆也不能替代的。偏偏，一叶障目，远多于一叶知秋。在喜欢黑屋子中看让人亮瞎眼的文物的人居多，因为这些文物构成了（博物馆中）日光（灯）下更显见的事物，曾经存在过的世界的高光成了博物馆世界的全部。看到它们，不等于就能够把握那个时代的城市氛围，相反，有时候会使你更看不见那些时间荫翳中的东西。

在钟鼓楼、在北海，哪怕是在杨梅竹斜街、在琉璃厂，看得见的北京的历史风味会弥漫在空气里，而看不见的大都的幽光，则是一点点，从土城的缝隙中流溢出来。明城墙的东西两面，是利用大都旧城墙增筑而成，北边则是把元代的一些民居包筑在内，这有幸“洗印”出了一些大都城末日的局部画面，几乎直击那个时代的生活瞬间，仿佛庞贝的火山灰直接封存了城市毁灭的瞬间。比如，1965年秋，在拆除西直门内明清北京城墙北段时。工人们在城墙基础下，发现了总面积近2000平方米的后英房居住遗址：

> ……后英房的主人显然非富即贵，他仓皇而逃，地面上散落着222颗由红白玛瑙磨制的围棋子；一块墨迹犹存的砚台摔成了八瓣……发掘出来的日用器物，元青花葵盘几近透明；一件螺钿平脱的漆盘，用五光十色的贝壳镶嵌成一幅“广寒宫图”，制作极为精美；在清理东跨院北房地面砖的时候，发现有贴在砖上的纸张墨迹，纸已经腐朽，而砖上的字依稀看到“娘的宠儿”怎的怎的，应该是元曲词句。[1]

1965—1974年间，考古队在明清北京北城墙一线挖出十来个这样的元代居住遗址。既有大户人家，也有贫民的居所。据说，

1. 孙文晔：《时光和故事重重覆盖下的元大都》，《中华读书报》2022年10月19日。

在拆除明城墙的过程中，发现的东西五花八门，除了砖瓦、琉璃建筑构件、牌楼构件、石雕、碑铭、生产加工工具这些和城市建设密切相关的东西，还有很多元代人生活里的用具，比如他们写毛笔字的影青瓷笔山、影青瓷炉、看门的汉白玉或青石狮子、瓷枕、佛像、药碾、磨盘、香炉、储物罐、砚台、印章、铜镜、铜钱等。但是这一批发现让人惊讶的不是文物个体，也不止于地基上呈现的元末人的日常生活场景——你甚至看得到完好如初的踏步和散水，想象得到当时人们拾级而上，在炕台旁小坐的样子。让人更为惊叹的，是这十来个地点串起来后呈现的一座历史城市的本来模样。有一万个理由使它们已经归于破碎，但是因为这些地点正好和明初筹建的北城墙重叠。于是地图上那一道城墙线，仿佛瞬间凝冻，变成过去城市的“影子”了。

这和修筑城墙的技术有关：城墙的土芯足够宽，因此里面是夯土还是别的什么并不重要。大将徐达和他的士兵放弃蒙古人建的北城墙，在南边本来属于城内的位置重新修筑一道城墙。仓促间，新建城墙地基覆盖的区域来不及全部拆除，便把元大都的住宅也包筑在了里面。就像是“活埋”，不光是住宅，其他建筑物乃至城门也有类似的情况。今人在拆除西直门箭楼台基时，发现元代和义门城门的城台、券门及城楼也被“活埋”其中，甚至上面的元代人题记也墨迹如新。另外，在城市的一部分地面上直接夯筑，不管原来是什么：“寺庙遗址中，石碑、旗杆等均立在城墙之中，碑刻非常完整……”

一般而言，城市新旧赓续会引起功能、形式的嬗变。按照当代建筑学，这种变化在某种程度上是连续的，比如在如何利用西安明城墙的设计竞赛中，我们看到有的方案提议保留城墙的外表，但在里面挖出可以利用的空洞，把城墙改造为一座窑洞般的房子。但是就北京这些城墙的前身今世而言，我们看到的是“突变”，乍看之下，功能形式都已不一样了。新城墙内居然有座不能进入的住宅，“旧”潜藏在“新”的里面。你可以感受过去，但不能确知，一切如同鬼魅。除非发生拆除这样非常的情况，使“旧”暴露出来，一般情况下你是看不到，也理解不了新旧的关系的。

有意思的是，我们这里主要谈的是元大都土城，但接替它的明清城墙的命运也很类似。这次新旧更替，因为拆旧布新的工程队能力更强大，就连土城那样的遗迹都没有剩下。二环路，也可以说是过去明清北京城的“影子”。这一次从本体到幽灵的“突变”更为剧烈，因为环路和城墙的形态完全不一样，但分割和警慑的功能又暗暗肖似。

每个时代的城市都有不同的“基础设施”（infrastructure）。它们的意义不仅仅是提供继续建设的基础，更从根本上影响人们对城市的“看法”。比如过去的城墙主要是区别内外，这种区别是通过一种赤裸裸的歧视造成的：我可以进来，但你只能在城外仰望。如今替代旧城墙的环路，用在它上面飞驰的车流达到了同样的效果。一来，是让想要通过环路的行人望而却步。他们只能措身环路特定位置才有的立交桥下面，在巨大而污浊的阴影道路上，心惊胆战地躲避各种横冲直撞的小客车、公交车、电动车、共享单车……行人无比谦卑的姿态，活像从前经过城门的小生意人，在九城守御的吆喝中低眉顺眼。二来，虽然这些水泥墩子筑起的新城墙并非完全不可穿越，但那些在“天空”中纵横的车流如此之快，事实上筑起了一道更坚实的钢铁屏障。当代版的“五陵少年”们，喜欢开着豪车“13分钟环行北京”[1]，并没有兴趣漫步在只有旅游者才爱去的胡同之间。

为了复活久远之前的“基础设施”的意义，有关部门围绕着土城设立了和元大都有关的新地名。对于这些“基础设施”的改造，早在元明交替的时刻就已经开始了：安贞门与健德门一样，都是大都最北面的城门，名字都和《易经》的卦辞有关，安贞门应着“安贞之吉，应地无疆”，健德门则是“天行健，君子以自强不息”。蒙古统治者非常重视健德门，因为这是他们和北方草原联系的重要门户。无论出城度夏还是返回大都，都是由此出入的。他们生活里浓郁的游牧色彩，让城门口少不了牛羊滚滚。外护城河上的桥，俗名“挡羊桥”。羊和“祥”相通，明洪武元年（1368）八月，徐达率军攻克元大都。元朝的末代皇帝元顺帝，也正是由健德门向北逃回蒙古老家的。徐达放弃了大都基本上空置的北半部，转手把健德门和安贞门往南移至今天北京二环路的位置，重新命名为“德胜门”和“安定门”。

1. 白居易《琵琶行》说道：“五陵年少争缠头，一曲红绡不知数。”长安渭北的咸阳原上，分布着汉高祖长陵、惠帝安陵、景帝阳陵、武帝茂陵、昭帝平陵共5座陵墓，汉代人迁富户至“五陵”陵邑，后世人遂称富贵人家子弟为“五陵少年”。李白《少年行二首》写道：“五陵年少金市东，银鞍白马度春风。”北京都市传说中，某些年轻飙车族喜驾车快速巡回没有红绿灯的二环路，最快13分钟，是为“二环十三少”。

“应地无疆”，蒙古人没有“边界”的概念。“得胜回朝”“使之安定”显然是更汉族式的文化观念。在这方面，元大都曾经开创了一个不一样的传统：城中除了宫殿和住区，还有尺度异乎寻常的自然景观。北方民族不羁的空间观念，和汉人内向的街坊并存。除了不像后世的都城和小城市那样包砌城砖——相反，只披盖芦苇，所以被称为“苇城”——城墙本身围定的一大片土地，也并不就是我们今天心目中的城市。

小时候反复记诵的文天祥《正气歌》，前面有这么一段同样让人动容的序言：“予囚北庭，坐一土室。室广八尺，深可四寻。单扉低小，白间短窄，污下而幽暗。”这间诗人不厌其烦描绘的囚室，正衬托作者笔下“正气”的必要，因为“……当此夏日，诸气萃然”。囚室之中，充斥着“水气……土气……日气……火气……米气……人气……秽气”。这些恶气，是雨潦、涂泥、薪爨、仓腐、汗垢、圊溷、毁尸、腐鼠等可怕玩意儿的混杂。那时候，从未注意到，建筑史上不大会记录的普通房屋的细节，因为流芳千古的作者的名气，才得以在历史中呈现，更不会想到去查询一下，“广八尺，深四寻”的大都建筑是个什么样的古怪规制。按宋元时一尺合今31.68厘米，一寻为八尺。相当于文天祥身在一个大坑里，也就两米多宽，但深达八九米！历代讨论这一不朽诗篇的人，都并未指出这个数据是否修辞上的夸张，还是符合当时建筑的实际。

或许也可以认为，“深”是建筑的“进深”，但这不符合中国古代建筑面广和进深的一般关系。不管怎么说，古代城市因此变得具体、形象了，至少不都是没谱的传说故事。刻板的用地规制，宫殿建筑的式样，城市中轴线的位置……每一个简单的数据都搭配着人们真实无比的感受。即使“广八尺，深四寻”，可能也再难以确认或复原。

青花瓷，天净沙，都是我们熟悉的元代，它们还应搭配着颓坍的红墙，游牧民族的毡帐，黑夜里鬼魅似高耸着的中心阁（说是“中心”，它在大都的具体位置尚是个疑问）。大都多风尘，随着蒙古高原上的寒流，转夜散尽后，风尘落定，又是蓝蓝的天、金色的秋阳。在那个城市中，普通人的命运无从改变，时间仿佛委顿于路途，使人绝望的宁静里，同时有古代世界的繁华和流言。烈士壮心，碧血黄沙，但响蓝的天空底下，毕竟还有和我们一般的人类，他们栖身的空间也应该符合普遍的人性。使我们感到陌生的和富有魅力的，是在我们不易想象的时刻里，这些空间经历的所有夸张、扭曲、变形。

三

不光是（相对实际容纳的人口数量）大得匪夷所思的大都，还有已经成为一座荒城的上都（位于今天的内蒙古自治区锡林郭勒盟），以及建成后只是短暂使用过的中都（位于河北省张家口市张北县）。去过这些城市不止一次，徜徉其间时，我都忍不住生出同样的问题：如此巨大的黄土围墙，如今的寂静后面，到底都有什么已经永远消失？

比起它永远消失的部分，大都的物理遗存要少得多。我们在观看影视作品时感到无比熟悉的，其实在文献中的记载只有寥寥数语。但历史并不总是语焉不详，就像《正气歌》的例子那样，它只是渲染了主角和他们的故事，略过了背景与故事的舞台。后者，对于当时的人和距离那个时代不远的人，都不是问题。空间与诗人所要叙说的主体，本是如影随形。只是，当这些影子的来源（历史中的人与事）已化为灰尘——奇怪的是影子本身（背景与舞台）还继续存在，一切就显得分外诡谲。

北京奥运会召开前后，距离我第一次看见土城已经过去了10多年。有一段时间，我借住在北影小区里面，每次出门，都可以看见或者路经北土城、西土城。我注意到，现在这个区域已经被改造成了一座遗址公园。遗址北边的一截，高度不大，时断时续，即使老年人也可以轻松地登临，附近还配有红红绿绿的锻炼器材，相对更受人们的欢迎，高峰时常常人声鼎沸。西边那高峻的一条土丘，被设计成野趣景观的样貌。土丘上茂密的树林，点缀着小巧的亭台，人们若要爬上去可能有点儿费劲了。大路的尺度与土城相配，两侧的车流也更迅猛。这里就只能见到遛狗的人，零星出没其间。

回家的时候，天色往往已经晚了。本来，当余晖穿透蒙蒙的土丘，这里该有些斜阳草树的意趣。但是，如果回得太晚，就只能看到影影绰绰的一片。即使对历史完全没有认知的人，对此恐怕也会感到异样。因为在周围皆是1平方米10万加房价的高楼丛林里，这硕大绵展的一条土丘，绝不是自然生成的。那，恰好是游牧人曾经的想象力，以另一种方式显形在当代生活里。

白天的情形就完全两样了。现在，这些“城”、这些“门”的名字重现在轨道交通的站名中，无数讨生活的人记住了它们，然而大多数人从未指望在这些地方看到一座真正的城门。至多，是通往新的生活，或者，逃离旧的生活的一扇大门。在这里，人们实际看到的是重庆小面、链家地产……这些追加的地名没有实质的形象，最多，有什么东西在夜晚跃跃欲出，但是永远不可能真正摆到你的面前。

安贞门站，在地铁10号线启用之前，让老司机们牢牢记住的是“安贞桥”，甚至“门”字本身都不复存在。光熙门，是元大都东部北侧的城门，它的遗址其实并不在13号轻轨线光熙门站那里，而是大致位于和平里北街、柳芳北街的连接处，比柳芳站略北。“柳芳”这听起来充满诗情画意的名字，其实是“牛房”的谐音，近年来才雅化了。这一段的土城已融入了城市轻轨铁路的路基，反是东侧那条不再花红柳绿的土沟（青年沟），倒真有可能以前是大都城的护城河。

建筑学家们爱说，地铁及其地下管道是城市的潜意识，深邃结实的下水道是近代城市的良心。只是到最近，东方大都市才普及这些玩意儿。人们并不习惯往下“盖房子”，城市的新旧关系都明白地摆在地面以上。后者尴尬地成为前者的影子，两者关系莫名其妙，却是一回事，但又绝不相似，连联想都无法联想。好比“健德门、安贞门、光熙门……”并没有门，“黄寺”“白塔”都源自中原以外的传统，它们都已经毫无疑问是“北京的”，但难以立刻就将他们归入某个具体的“古代的”。不仅因为不远处咄咄逼人的个别高楼大厦，还因为现代城市的发展已经破坏了历史氛围复现的基础。

如果要讲好一个关于过去城市的故事，那么空间、人物、路线，还有故事的动机，缺一不可。对于大都寻古，最著名的有关元代场景的对话，可以从李好古的杂剧《张生煮海》中家童的问题开始：

> ……“我到哪里寻你?”
>
> 侍女云：“你去那羊市角头砖塔胡同总铺门前来寻我。”

和少数幸存至今的真正古迹一样，“万松老人塔”的八角七重檐，依然矗立在还叫“砖塔”的胡同的东口，迎接着每天清晨的阳光。可是，西四北大街太喧嚣了，羊市和总铺早已不见踪影，倒是小小的塔院总扑满了人。如果你真的要寻找元大都，还应该去城市北边背阴的那一带，那里并无什么具形惹眼的古迹，但是有古代城市的“影子”。

由北海金鳌玉蝀桥可以望见国家大剧院的穹顶(作者摄于2011年)

10—19世纪
阿尔罕布拉宫没有回忆

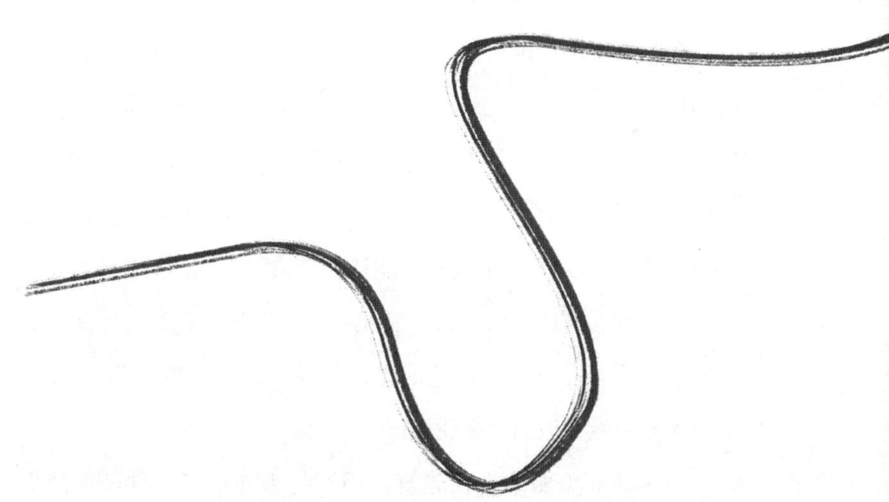

◀ 从阿尔罕布拉宫向外望(作者资料)　阿尔罕布拉宫和它俯瞰的世界之间,或者还有它们的身影和我们之间,不仅是静寂无声的庭院和生机勃勃的山野的差异。在这里一转身,便是两种不同时间的相撞,一种似乎无始无终,一种却有着转徙异乡的憧憬和焦虑。

我第一次听说阿尔罕布拉，是因为泰雷加的《阿尔罕布拉宫的回忆》。小时候不懂这个外国地名的奥妙，但这支曲子实在太传情达意不过了。如果你对其中的感伤情调无动于衷，不妨观摩古典吉他手精彩的“轮指”手法——长达三四分钟。音符就像“大珠小珠落玉盘”，简直真的能让你“看见”。许多年后，我在一个月夜到访这座古代宫殿，看见钟乳石般的雪花石膏图案也就像跳动的音符一样，在银色的光线下闪烁，这场景引发的触动，至今还无穷无尽地涌动在我的记忆中。

一座如此美丽的古代建筑，描写起来却成了一件棘手的事情。挪威作家克瑙斯高（Karl Ove Knausgard）说：“我记住的是风景和房间，不是房间里的人告诉我的事情。”阿尔罕布拉宫已经是世界级的景点，但参观过它的人很少会再来第二次。你，看过它的风景和房间，“Yes，I see”（我看见了，理解了）——但是你确信会记住一切吗？

时间停止的阿尔罕布拉宫

建筑史的确可以帮助你记住阿尔罕布拉宫——记住有关它的基本的、枯燥的事实。查理五世，西班牙哈布斯堡王朝不可一世的国王，在此添加了一个突兀的圆形柱廊。除了近世的这个意外，阿尔罕布拉宫的平面基本上是矩形的。你不难理解它的空间秩序：矩形构成一系列内向的、通常带有回廊的建筑围合：狮子庭院、桃金娘庭院……既是宫殿的一部分，也是花园的要素，“花园—建筑”合体，揭示着这些空间更东方的起源：公元8世纪开始，阿拉伯人征服格拉纳达，把古老波斯庭院的概念一路带到了伊比利亚半岛。

在外行人看来，此类的伊斯兰风格的设计有点抽象。从伊斯法罕到泰姬陵，花园庭院妥妥的是高级世界的隐喻，和中国的一些礼仪性建筑类似，每一个“像数”都有明确的寓意。例如，在狮子庭院中，12只狮子托起中央的喷水池，每一只代表一个太阳，组成阿拉伯星象中的12个太阳和一年12个月。矩形或正方形，空间不管大小，总是被园路或者水渠划分为4块，穆斯林信众对他们所蒙应许的乐园，也恰是如此描述的：“河水自下流过的地方。”珍珠穹顶下的4条河流：“水河，水质不腐；乳河，乳味不变；酒河，饮者称快；蜜河，蜜质纯洁……”其实，人类宗教的两本主要经典都提到过这4条河流，《圣经·创世纪》记述："河水从伊甸园中流出去灌溉花园，从此，它一分为四。"4条河流将花园四等分，之后每一个象限又四等分，如此无穷无尽。

但花园又是具体的，诉诸直觉。阿拉伯人认为，水可以净化灵魂。特殊的地理遭际让这种表述变得亲切可感：在干旱荒瘠的沙漠地区，花园本身象征着远离酷热、庇荫生命的绿洲。它汇聚起珍贵的流水、滋养园林内部的花木果树：柏树、梧桐、棕榈和橄榄树，出产樱桃、橘子、桃、石榴、杏和无花果，花丛中盛开着水仙、茉莉、玫瑰、紫罗兰和鸢尾花……这是古兰经里天堂景象的理数。事实上"天堂—花园"的形式，早在4000多年前的美索不达米亚就成熟了，《吉尔伽美什》中记载："在神圣的泉水旁立有不死之树，这就是永恒的花园……"在古波斯，水和土地，空间与生命，早已演绎为这"四分园"更实在的原型。弯曲的藤蔓缠绕着高大的乔木，寓意着天堂与人间的相遇，永恒与变化的结合——最根本的，是默默的男女之爱。

空间本身不露声色，其中隐藏的生命线索，是建筑中看不大见的"时间"观念的表达——艺术史家E. H. 贡布里希说，这是使得显在的环境和那细碎的装饰衔接起来的"中段"的机制。阿拉伯园林里的时间，不似一般帝王功业兴亡的历史，这里看不见蒂沃利的哈德良别墅中的残垣断壁，没有它那般一览无余的秩序。在阿尔罕布拉宫，时间是若断若续的长线，简单有限的空间，却使人感到无穷无尽的纠缠，走得久了，化为一个线团——拿着平面图的旅游者，在里面转一圈其实花不了很多时间，但是你会疑惑有所遗落，纳闷自己是否重复来过同一个地方。园路尽头，每一个类似的门头，标定了欢迎和拒绝的不同姿态，无处不在的高墙和树篱，决定了很多地方你可以感知到，但无法在短时间里遍历——换而言之，你可以把握局部但无法探究整体。水渠中有限的流水，因为走回头路的原因，竟像是源源不断地涌出，首尾衔接，如视错觉艺术家埃舍尔笔下的幻境——这也正是祈祷者想象的天堂之中永恒的泉源。

这，恰好也是有关“阿尔罕布拉宫的回忆”的。

中世纪的摩尔人在格拉纳达建立了埃米尔国的王宫。说起来，在游牧民族的征服史中，比起波斯人、蒙古人的短暂扩张，这是基督教文明最危险也最接近覆亡的一次。如果不是法兰克王国宫相查理·马特在732年的决定性胜利，阿拉伯人的手已经伸到欧洲大陆的心脏了。无论如何，由阿卜杜勒·拉赫曼开始的倭马亚王朝统治长达700余年，在伊比利亚半岛留下了深刻的文化融合的痕迹。以科尔多瓦为中心统治西班牙的后倭马亚王朝，在这个时期留下了“穆德贾”（Mudéjar）式样的建筑。它杂烩了东西，在其中你可以看到罗马人强大传统的存在，也可以看到文化选择的新意。源自北非的柱式更细巧，它所支持的马蹄拱背离了受力的真实状况，却比起罗马人的看起来更精美。阿尔罕布拉宫不以宏伟的尺度取胜，却把由东到西的工艺能事融注其中。假如廊间填塞雕像、绘画，往往使得空间必须大开大合。在这里，英国批评家罗斯金所厌恶的不厌其烦的装饰，体现了另外一种“堕落”的诉求，无穷无尽的平衡，达到了可畏的“秩序感”，不那么容易一眼看穿——文明的耐心和个体的痕迹尽皆消磨在其中。

深谙几乎失落的希腊几何学的伊斯兰艺术家，同时关注着二维的繁复和三维的潜力，用两者简单地组合营造出一个复数的景观空间，变化有序。盛满装饰的阿尔罕布拉宫像是一张大网，把心怀不轨的觊觎者连同主人都兜了进去。14世纪的格拉纳达农艺家伊本·路云（Ibn Luyun）认为花园应该大小适度。他心中的园主坐在园中央“一个可以坐进去观赏的亭子”里面，亭子周围满植卉木，尤其是柔软的攀缘藤木和围墙一般的桃金娘，让“接近的人不能偷听到里面人的谈话”。可是，不幸的园主深陷在这个与外部隔绝的园林里，难道不会觉得闷得慌吗？

花园里外的故事

这不是我的胡思乱想。欧洲人重新夺回西班牙之后，像罗斯金一样，很多外人都觉得，如此周到繁密的装饰世界，注定了是一种防御性的、向内紧缩的空间，缺乏现代人能欣赏的激情。有迷人的内部，朝外依然是城堡，和中世纪时期欧洲人建成的同类建筑性质上并无两样。对于一代代的访客而言，在那里生息过的个体生命的命运，使人遐想……围绕着它们的，是那些真真假假关于“不自由“的传说。比如“红堡”的主人觊觎他的敌人——基督教市长的女儿。他便抢走她，强迫她皈依伊斯兰教，生儿育女。她住在建于14世纪上半叶的“俘虏塔”里。他们也囚禁自己的女眷，纳里斯王朝最后的统治者，自己的女儿也关在堡中不得外出，理由是防止她们和不正经的追求者接触。尽管有着彩陶壁板华丽雕刻和八角形喷泉，“公主塔”（穆罕穆德七世时期，1392—1408）实质上也是一座牢狱——多少人生虚掷在这里。

不管真假，在这个看似没有形象的空间里，从时间之线中抽离出了故事，从无意义中产生了意义。无处不在的花纹有时候也是“文字”，它是装饰艺术最重要的早期理论家之一，罗斯金的同时代人欧文·琼斯所欣赏的例证。这样的空间不仅可见，具备深层的视觉结构，也是可以“阅读”的：“首先……基本形状，而后再用基本线条细分——从远处看，主要的线条映入眼帘，走近一点，看见了构图的细节，再近点，看见了装饰本身表面的细节……”它们不是类似公园大道那样一望无际的长篇大论，而是像《一千零一夜》那样，打开了无数个窗口，又次第地将它们关闭，像一种无歌词但是依然可以欣赏的音乐。

“时间”的纷繁之美，消解了一些我们通常认为是“幻象”的东西。细微但执着的变化，维系了花园和园中人的生命。来访者很多都注意到水中倒影的意义。镜面的效果，相当于把园林的空间复制了一倍。艺术史家会指出这种视觉图像的上下对称，和那种自我孳生的装饰生长，既相关又大有不同。前者会产生一个具体的“观者”，后者则把你“丢”进环境去，直到自我趋于消失。于是，停滞的、统一性的整体又常被意外出现的“景致”搅动，两者交错着难分彼此：水道的水口通常被磨平成弧形，这样水流过时不会喷涌而出，而是像空间一般不动声色；与此同时，池壁池底，又菱形铺置着深蓝色深绿色的瓷片，瓷片的棱角分开水流，在水面形成细小的水流，产生波光粼粼的效果，静中见动。

学者们试图追索园林里的往事，从而验证我们对它设计的猜想。《贝亚德和利雅得》（*Bayad wa Riyad*）说的是13世纪安达卢西亚的一段爱情故事，现存的插图书可以让我们大致恢复出发生在阿尔罕布拉宫中的一切，只是当年人物实际的感受，就只能想象了："相见不相闻。"在高墙环绕的园林里，围坐在树荫下的水池边，弹奏着鲁特琴（lute）和冬不拉（tanbur），人们吟唱着一个名叫贝亚德的年轻人和一个名叫利雅得的女奴的故事，画面中还有一对牛牵引着的水车，慢慢旋转着。两种乐器都存于世，水流入池时的潺潺声大致也还如初，可是现代人再也没有那么静谧的环境，来感受这些极其细微的声响。纵然阿尔罕布拉宫高踞在尘世之上，远方闹市的汽车鸣笛还是真切地传来，更不用说，眼前还有如此多的旅游者。

——古代人是在同样的语境里感受阿尔罕布拉宫的魅力。那时它更远离尘嚣，但距离下面的世界又如此之近。从马蹄窗向外眺望，你可以清楚地看到下方城市中人们的行动，甚至看得见旅馆的窗台。两种知觉给人矛盾的回馈，它们的矛盾才是迷人的地方。

确实，当这座宫殿把自己和它周围的世界隔绝开来的时候，它已不是征服者的王廷，而是失败开始的一种标志。科尔多瓦的埃米尔阿卜杜拉（888—912）统治期间，战败的阿拉伯人躲进了建在古罗马废墟上的"红堡"。很快，基督徒开始收复失地，纳斯里德王朝的开国君主、恐慌的默罕默德一世决定在海拔790米的萨比卡山丘上建起阿尔罕布拉宫。新的“红堡”就是下面数百年25代埃米尔回忆的起点。现在不再像他们的父辈那般咄咄逼人，纳斯里德王朝成了偏安的王朝，一度也非常繁荣，即使其他伊斯兰势力都已在半岛上覆灭，它又延续了200年——给了这座绝美宫殿一再扩张的时间。

不知道，是否这就是阿尔罕布拉宫纠结的根底？是扩张，尽管是种向内的扩张。它难逃最终的覆灭，却碰到了一位开明的征服者。对穆斯林发动战争的最终胜利者伊莎贝拉女王和她的丈夫，并没有毁弃异教徒的宫殿。阿尔罕布拉宫由此衰败，但又不至于彻底毁灭，才终于在20世纪迎来了彻底的修缮，整饬如新。

美国驻西班牙大使馆官员、著名的作家华盛顿·欧文就是在这种情况下“发现”了阿尔罕布拉宫。欧文是首批在“旧大陆”也名声赫赫的美国作家。1829年，对西班牙的历史和文化兴趣很浓的欧文，与一位俄罗斯亲王结伴，在安达卢西亚骑马旅行。他们雇了一名西班牙随从做向导，从塞维利亚出发，最终抵达格拉纳达。在那里，阿尔罕布拉宫正是这种寻根之旅的终点。

由一个自新大陆返回的作者来做这件事，也许太恰当不过了。西班牙不再担心外部强大敌人的入侵，隔着时空的距离，伊斯兰文化中的不解之谜于今演绎出了新的“异国”情调。欧文的《阿尔罕布拉宫的回忆》，就像隋朝作者李华的《祭古战场文》一样，把空间的纪念碑转化成了时间的纪念碑。既然是回忆，那就不必担心它的真实性。法国历史学家皮埃尔·诺阿说过，记忆是不同于历史的，历史试图徒劳地重构过往，而记忆是生命，它总是和此下的状态有关。

这就解释了人们为什么大都看不懂阿尔罕布拉宫，却又对它如此着迷。这种名义上的“记忆”，恰恰基于一种彻底的失忆之上。欧文的名篇，无意将此地归入西方文明熟悉的经验，他只是准确地捕捉了它给人的印象：安静下面潜伏着火焰，惊心动魄归于保守与内省，一切丰满又空洞。

记忆，在这里成为一种纯然的当代情感的形式，是关于那些不能恢复的人类历史的：

> 纵然城墙的阴影久已消散，它们的记忆将永远鲜活，梦幻与艺术终会栖息其中。然后，世上最后一只还会歌唱的夜莺，将在阿尔罕布拉熠熠的废墟中做巢，并唱着它们的离歌。

阿尔罕布拉宫富于识别性的突角拱(Squinch)和双柱式:它们既是结构也是装饰,似乎是无穷无尽细分下去的几何图象,幻化出绮丽的迷宫般的图像(作者资料)

一座园林的生与死

明末：约1600—1700年

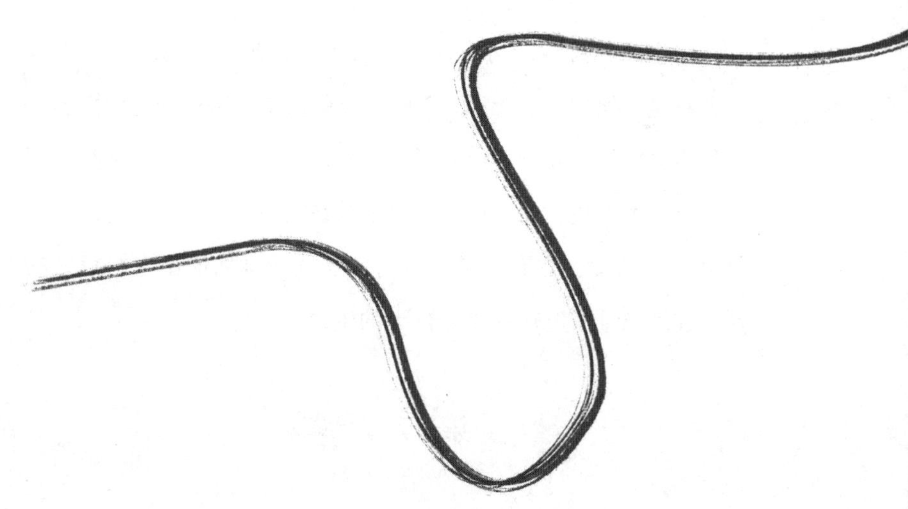

◀ 艺圃水榭（延光阁）中的茶聚（作者资料） 社区居民可在艺圃水榭中日常茶聚，面对园林主要的假山造景和乳鱼亭。

这座园林挑战着历史保护主义者（保护主义者或许并没有错，只是“保护”这个词太乏味了）的忍受极限……这座园林从它的生命伊始，就已经很老了，老得每一株野草的成长都在时刻威胁着它的生机；像一位抱着双手站在高山之巅、面色苍白浑身打战的小仙女，只有严重缺氧时，这座园林才能说出她想说的话，在玻璃匣子里她总共有11天的生命……

第一天　始园

这座园林的故事是如此这般开始的……在一座森林里，人和狗都渴了。人揉揉自己的眼睛，看到了水源。

那其实并不是一口真的水井，像在尘土飞扬的市场上经常可以看见的那种。它是一个极其细小的泉眼，在一丛牛筋草掩压着的地方，有森林里难得一见的清洁的水，汩汩地流着。

人在地上画了一道封闭的界线，他的狗警惕地守卫着这道界线。泉眼，成就了这片荒弃的空地，成了空地的中心。它因那道涂着狗粪的界线而变得熠熠生辉……“青鸟衔葡萄，飞上金井栏。”

第二天　懒园—趣园

现在有一道围墙围绕着这块地方。“开始”是不容另设的，可是，关于那眼泉的去留，关于这座园林以后的命运，如今有着两种似乎势均力敌的可能。其中的一种，总是将作为另一种的反面浮现。

人对这方天地的前途本是犹疑的——这个人是个年轻人，在他这个年纪，灵和肉总是在激烈地搏斗。在唠叨的老母亲看来，在这块低洼潮湿的、可能象征着人生苦恼的沼泽地上，年轻人总该有一把离开地面的躺椅，可以让他休息得舒服一点，最后也许还得加上一个女人，可以服侍他，给他做饭洗衣。可是，老人们时常忽视的是：微风吹过，为了转瞬即逝的一念，他也许就放弃了唾手可得的享乐——即使在一块被太阳晒热的石头上，这个大大咧咧的年轻人本也是可以睡得很安逸的。

可是他依然不厌其烦地直起了腰。

园林的趣味始于另一种愉悦：约翰·赫伊津哈说过，游戏粘连着人类文明发展的本质。在这片潮湿的森林中的土地上，一泓清泉带来的“多余之物”（“长物”?）并不一定性命攸关，但至关重要的是，这种额外的劳费反映了文明不安分的性格——它要在本已不断变化的世界里声言更多的繁复。

第三天　秘园

人似乎打定了主意。

于是，第三天的园子翻转了第二天的状况。在那个荫蔽泉眼的小凉亭那儿，什么都看不见了。除非离得很近，否则你不会再听到地下汩汩的水声（尽管天井的面积很小，但是雨点还是分明落到了园中，证明了一个朴素的循环的存在）；取而代之的，是环绕着水井的一圈茅舍。“茅茨不翦”——这圈遮盖没那么简单，它不仅要向墙外的人们声言它对于这片土地的主宰，还要进一步剥夺他们觊觎的权利，撩拨起他们已经不那么健康的好奇心。如果说，第二天的那道围墙，和人类历史上各种关于私人园艺的兴趣并没有多少距离，那么在第三天的时候，这园子就毫无疑问地呈现出了“中国”园林的面貌：在其中，“自然”的气味消失得很快，变得很淡薄。

差异造就了神奇，趣味变成了秘密。现在，明确无误地，这秘密只能让那个付出了代价的懒汉躲起来偷偷享用，而让正经人转过了他们的头。从现在开始，闯入秘园的欲念比密园内的风景更加迷人。

第四天　实园

秘密堆砌得久了，透过疯狂生长的树木，最初的那点小小的喜悦已经难以辨别了。它就像一星皂色的泡沫，消失在一小潭不可见的酽酽的碧水中。地下的泉眼依然在那里……只要这一点不曾改变，实园依然是一座园林。它和大地深处的秘密联络，滋润着园中可能的果实。它们不动声色的外表，遮掩着一点羞涩的生殖的秘密。这种秘密不容撩拨，只能意会——但是人所共知。

在被充分地填塞了的空间里，不再有素净的外表。用菱泥、马粪、泔水、米汤等培育的苔藓，一点一点地在园中生长着、蔓延着。它们的滋润有赖这园中累积的厚厚的生活的尘土。

第五天　照园—穿园

“实园”面临着两种出路，这两种出路针锋相对，却又很难分离。

一座园林在水中照见了自己，在地下的泉眼喷涌而出蔓延成的湖泊里。它们实际的“胸怀”都要比它们看上去的样子宽广许多。通过这种观照，园子的面积并没有增加，可是体积增加了一倍，并且水中的那一座园林比水面上的那一座还要真实。

被它吸引的路人不需要额外的蛊惑，只要弯下身来，就难免被他所看到的一切所迷乱：水中，那一座不定形的园林摇摇曳曳……其中并没有开阔的水面，一切似乎都是真实的。一座深碧的、高深莫测的园林，只是所有的方向都反了。往深处看去，该往下的一切都在向着幽暗的“天空”生长。一切一切的“上面”，却飘荡着浓酽的水藻，像是一层绿色的、不定形的帘幕。在这层帘幕的上方，是不知多少重柔和的树影环绕着的池塘，有月桂、凌霄，有木香、紫藤、青枫，蒙蔽了实园之中所剩无几的天空……它们的姿态随风招摇不定。

另一座园林关于一条道路。这条对角线道路穿园而过，同时也是夺路而逃。它是这座园中最长最直的一条路。它急于从这园中寻求一条最好的出路，却因此和这座园子没有发生任何关联——对那难以解脱的生活，也许这反而是一种最实际的态度。

第六天　分园—留园

真的下雨了，淅淅沥沥……这雨在院子里制造出了一场小规模的洪水。园主很快就意识到，水中的那个园林将面临一种实在的挑战。

于是，这座园林现在从正中自动分开。那个实园中原本看不见（想象中的?）的女人现在不得不现身了，暴露在密织的藤萝的屏风前面。那女人是园主人的镜子，她是妖娆的假山石形状的来源，又是照见没有穷尽的诗情画意的水面。石头是冰冷的，肉体是温润的，欲望与禁欲并不矛盾。

或者，他把穿过园林的那条窄巷系了一个扣子，给它起了一个名字叫“留园”。“留”和“亭”（停，原先遮蔽那个泉源的小屋）是一回事儿，只是它现在化身为一条无尽的路，在动态之中达到了静止的目的。无边的幻影总跟随着前方那种若有若无的光亮。在漫游中，这种踟躇长得没有尽头。

第七天 坏园

佛经说，世界有成、住、坏、空四劫。《长阿含经》：“佛告比丘。有四事长久。无量无限。不可以日月岁数而称计也。”“无量无限”的，“不可以日月岁数而称计也”的平安喜乐，对有机生命的幸福而言太过长久了，长得没有意义。但是，“无量无限”的，“不可以日月岁数而称计也”的，却像坎坷人生之中经历的每一次风霜雪雨——那样真切和催迫。

有太多原因使得园林（这种原因是天真的历史保护主义者所不能原谅的）毁坏了。太饱满的即将炸裂，里面的新鲜将变成老朽。太空虚的又会萎缩，最终变成一个不能用的皮囊。疏散的行将崩溃，过于坚实的面临着磨损。冷冰冰的人造品固然会湮没在荆棘之中，擦得油亮的榫柱带着太多人的气息，最终也会让白蚁一点点地吞噬。

最浓重的一笔是夏季骄阳写下的。生命最勃发的一刹那，也就是水分蒸发最多最快的须臾。在绿到最浓郁的那一刻，娇嫩的树叶开始蜷曲、枯萎。在享用的同时也在消耗，悄悄地。

秋天啊，再多给几个南方的日脚吧。

第八天　迷园—深园

迷失和享乐对某些人来说可能是同义词。天晴了，地上水洼里的影子已经随水渐渐挥发。在飞舞着粉尘的空气里，年轻的女人在为使用哪种牌子的胭脂而苦恼和争论。遍历空间的欲望，就像她们没有止境的长长的购物单子。它一直毫不犹豫地向前延伸，像是留园之中的游廊一般首尾相接，却从来不缺乏值得夸耀的变化，并不关心“前方”，只是注目“两旁”。在这种把心动转成行动的旅程之中，她们从中收获了乐趣，男人们则采割了失望与希望交替的罗曼史。

与此形成映照的，是深园——“庭院深深深几许？”这个问题没有答案，这段旅程同样从不会枯竭，只是充满了男性式执拗的错乱，内和外的差别成为划分幸福的基准线。无论向内向外，也无论有多少樊篱已被推倒重来，在墙的另一侧，他们总可以发现隐秘的、新的自由。

第九天　密园—乱园

在无数脚印和树影累积的地层上，终于，没有什么新鲜的土壤了，只有盲目的生命，恣意的幸福和重重涂抹的深邃或卑微的心机……每一寸土地都浸润了人的油腻的气息，以及拥挤的文明的心绪。庾信“敧侧八九丈，纵横数十步”，这就是了：这是温暖得使人透不过气来的人生。

每个人都在属于自己的角落里制造一场混乱，这是不分时令的对造化秩序的逆转——暗示春天的是如笋尖般的青石，夏季有水波上蒸腾的湖山，秋天的夕阳似乎永久地驻足在西边那座黄石假山之上……冬天，则是廊下使人产生幻觉的雪石。这一切之间的转换无须任何自然的律令，成了纯然的把戏……慢慢地，四季混合在同一种假象之中。在园中，它们的意义毫无疑问的相等，却又令人惊讶的矛盾。

如此，一切的经营、界限、自持和僭越都变得同样毫无意义，青春和老年，喜悦和感伤，就像提款机里的现金一样随处可取，可以互换使用……在这样的混乱中，为那最初单纯的趣味所发酵，所孕育的空间最终崩溃了。

第十天　空园

和人们想象之中的情形相反，白茫茫一片真干净之前，并没有任何征兆。

那是支配枯荣交替的必然性的机制运转："大地化为沟壑，城墙夷为平地……他们所完成的事将会被废弃，然后再重新做起。"这一过程不需要预警，也无须解释。实园逆转过来，变成了一座空园，像在一场大火之后空中纷纷散落的灰烬，像漫天飘洒的雪片。

在灰烬之中幸存的，或许是坚不可摧的"真正的断片"。所以空园还不曾真正的空，生命的末梢总在为下一个轮回做计划书的首页。像宇文所安猜测的那样，这断片的书签，该“是举隅物，是时间的宠物”……然而，在真实的废园之中，凭吊者找到的不是深沉的黍稷、石碑和骨骸。它们无关于黍离之悲，碑残之哀，或任一种骨化形销的痛。它们是可耻的垃圾和排泄物，塑料瓶子、避孕套、汽水瓶盖。它们不能被记忆吞噬，只有潜藏在为不可知的地火所蹂躏的地层里。

第十一天 寂园

第十一天是多余的一天？为什么这一切的结局不是第十天？我们不想追求圆满，在真实的世界之中从来没有圆满；可是，眼睛不够餍足。多出的一天无关乎生与死，零落的也不是有逻辑的片段。它们，为的只是组成一个勉强对称的形状，好让今天的人们消化在图像的深渊里。

那座森林其实就是我们的城市。这座园林从来都未曾远离人的念想。无论是充盈还是空寂，它的幻影总是吸引着一批批的迷失者，如潮水般地涌入一片灰土中的想象的湿地——他们渴望齐整，收获的却总是纷乱。这没有头绪，也无从梳理的纷乱，嘲笑着我们人类脆弱的情感，我们对于一切“多余之物”的情不自禁的喜欢。

附录

1. 始园（The Garden about Beginnings）

只有在两种情形下，园林和它身处的上下文的界限不太容易判断。第一种情形，是园林太大了，与它身处的自然莫分轩轾，比如汉武帝纵横数百里的上林苑——“君未睹夫巨丽也，独不闻天子之上林乎?”（司马相如《上林赋》）第二种情形，是园林太小了，在滚滚红尘淹没的近代城市之中，拳石尺水实在是太微末了，和边角里零余的弃地也没什么分别。虽然这两种情形的差别实在很大（前者还留有上古自然崇拜的气味，后者则不折不扣是近代社会城市化的产物），可相同的是，在其中人的一念都扮演了至关重要的角色：西塞罗所说的“第二自然”浮现之处，不是坐实的野趣，而是我们内心的荒芜。

2. 懒园—趣园（Leisure Garden–The Garden of Curiosity）

“大抵南朝皆旷达”，魏晋时期为此后千余年的中国园林留下的遗产也大抵如此。“园小暇日多”（谢朓《新治北窗和何从事诗》），什么都不做的慵懒和欲穷尽一切的好奇心原本就是一枚硬币的两面。“庄老告退，山水方滋”，人游兴自然的自由乃在选择之中，而不是选择之后。

3. 秘园（The Garden of Secret）

园林的乐趣因为它的隐秘而倍增，齐文惠太子在建康（南京）营造的玄圃园：“其中楼观塔宇，多聚奇石，妙极山水。”他担心上宫望见，于是“傍门列修竹，内施高鄣，造游墙数百间，施诸机巧，宜须鄣蔽……”今天的台城依然柳色青青，可是，他心机密织的玄圃园已经彻底丢失在荒草深处了——那个深藏着的不可告人却又启人想象的秘密，是园林的基本品格。

4. 实园（The Filled Garden）

密度，而不是尺度，才是阅读中国园林的要义，它要穷尽品类之盛……在这种过于充盈的状态中，园林的价值时常徘徊在失落的边缘。对于物质和意义的永不餍足，也时常和中国文人夸口的离尘去垢的境界南辕北辙。但是，事实上经济基础决定上层建筑，自诩的风雅也莫能例外。从茂陵富人袁广汉的时代开始，地主老财的雄心一直不曾远离中国园林的图像学。中国园林从来都以繁复为荣：圆窗、六角窗、矩形窗和月洞门、书窗、瓶门、梅花窗、桃形门、葫芦门……在中国园林之中，也许沉积了太多的意义：什锦窗（十全十美），月洞门（日月盈虚之象），瓶门（一门平安），桃门（福寿盈门），葫芦门（子孙连绵），书卷窗（诗书传家），六角窗（六六大顺）……

5. 照园—穿园（The Garden on the Water–The Bypassed Garden）

一座园林最终要面对它的外部世界，为此，中国园林提出了两种相互关联的策略：一种是自己关照自己，为自己生造出一个虚幻的上下文；另一种截然相反的态度是“消失”，和它的外部现实彼此平行永不相干。在真实的人生里，这两种态度都不太容易彻底贯彻，可是，它们为我们打开了另一种有别于西方建筑学的可能。

6. 分园—留园（The Garden of Yin and Yang- The Lingering Garden）

自我关照带来的是自我分裂，阴—阳，儒—道，虚—实，或者是慷慨激昂与芬芳悱恻情怀的互相关照。宅—园（院）的对称和呼应是设计手法上的具体体现，然而，或许还有另外一种办法让这种双重生活成为可能。它们是首尾相衔的一条道路，围绕着一个虚空的，永远也不能到达的中心。如此，静态的二分法可以永无穷尽地推展，不屈不挠地充满乐趣。这种东方式的心灵格局，安藤忠雄称之为“洄游式”的空间。

7. 坏园（The Decaying Garden）

园林之坏不仅仅在于亭台池馆之坏，而在于人情和世情彼此的涨落。盛极而衰的人情太脆弱，代价太高昂，而以苍生为刍狗的造化，是不会在意沧海桑田片段间的惘然的。所以这悲剧几乎不可避免，非历史保护主义者的一厢情愿可以挽救。李格非《洛阳名园记》不仅仅是写当下的芳菲，也关乎昔时兴废。李德裕在平泉庄最盛时，想到了他的子孙不能保有这片园林。苏轼在凌虚台前，空发出了“物之废兴成毁，不可得而知也”的感喟。

8. 迷园—深园（The Garden of Labyrinth- The Deep Deep Garden）

晚明以来的扬州园林，有人誉之别开生面，有人毁之奇技淫巧。在意大利杨树间的广玉兰花丛，有法国百叶门、自鸣钟、巴洛克风格的铁雕栏，以及层层开启的线法窗……无论如何，它呼应了一种由来已久的感性：迷乱，堕落。可是这毕竟已是夕阳西下的时分了，“小园香径独徘徊”，如果没有洪、杨的大火，天知道，那个独自来去的幽人，会不会一直徘徊下去呢？

9. 密园—乱园（The Garden of Walls- Four Season Garden）

密园之中互相冲突的人造物，简直就是要在园中另造出一个天地。“集锦式”园林的雄心，不仅要凝聚空间，还要挑战时间——“天地一家春”的圆明园，咫尺之间营造四季的个园假山。那春尽冬藏、秋夏交往的混杂，果然矛盾吗？毕竟，园主在园中过的不是一天，而是一辈子。

10. 空园（The Empty Garden）

人去园空。马嘎尔尼光临过的圆明园，就像被命运诅咒过一样不可挽回地衰落了；辛亥革命之后的北京，很快，就找不到几个靠叠山理水活命的手艺人了；被傲慢的博物馆看门人所把持的月门里，很快，便找不到一颗可以安居的心灵了……

11. 寂园（The Ruined Garden）

真正的“寂园”无所谓声响对它的干扰，并不一定茫茫九衢眼中无物。恰恰相反，这片生活的密林里从来就不曾真正地空寂过，废园并不一定残砖碎瓦，并不都是粗头乱服……只是，在西方人摄影机视觉中静止的园林，被永久地褫夺了它的秘密和羞耻感。那种亲密消失了，却没有完全被记忆消化。身、心皆伤的证据，是它依然在那里，我们却徒然不能了解那华美的空洞。在这个意义上，放眼这一派郁郁葱葱废园的繁盛，正因我们凭吊于一片文化的废墟之上。

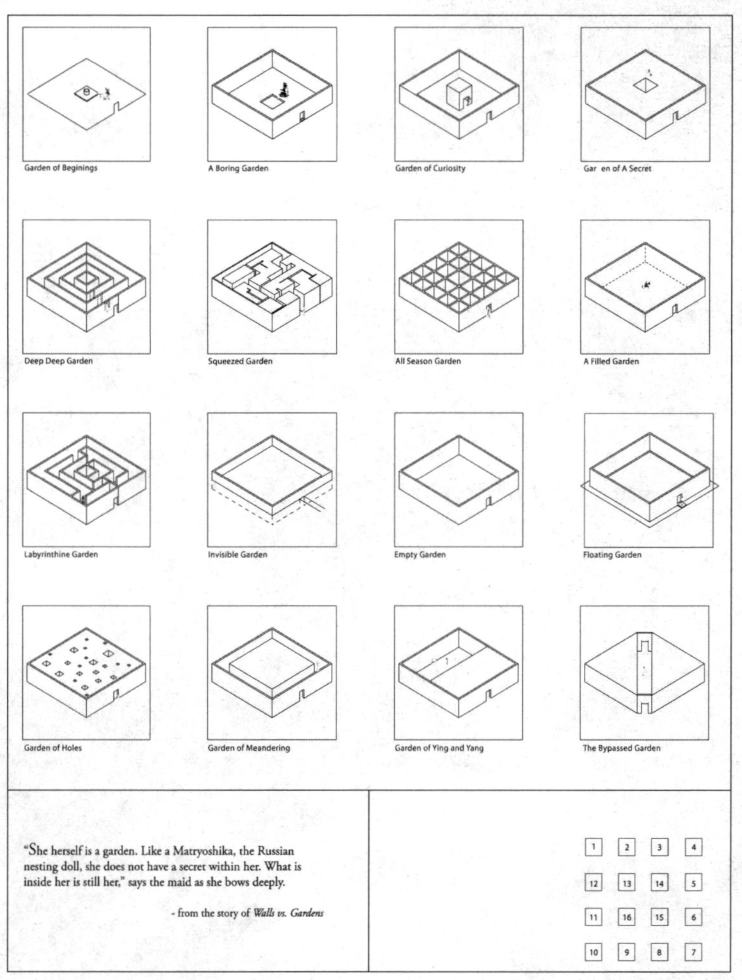

题为《一座中国园林的生与死》。图中各“园”自左上角开始，按顺时针螺旋形顺序排列（计算机建模制图，作者制于2004）

清末：1844—1911年

看见和看不见的苏州园林

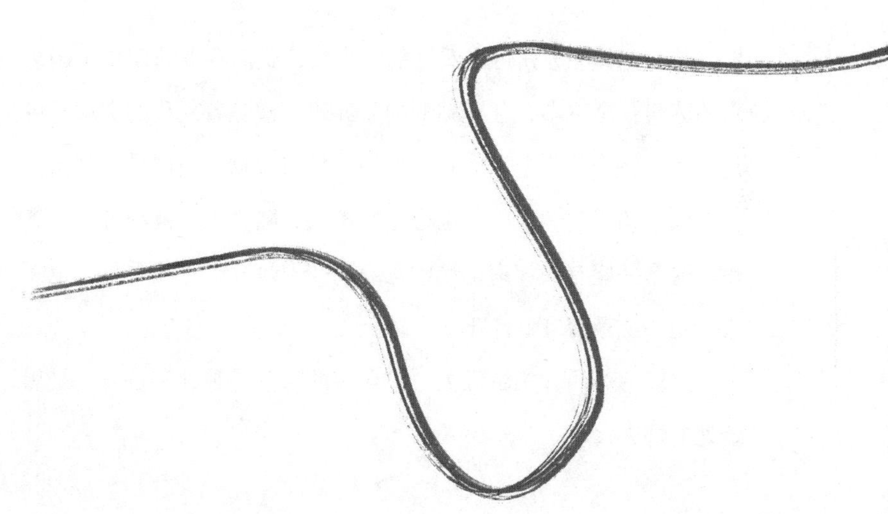

◀ 由拙政园中望北寺塔（作者摄于2014年秋）

什么是你在苏州可以看见的？当然，我们看得到GDP全国第六的苏州：金鸡湖，独墅湖畔的新苏州，敷陈着现代的文章。可是，还有一个苏州是不大看得见的，是韦应物、白居易、刘禹锡等诗歌中的苏州。至少，也得是叶圣陶、陆文夫、范小青等的苏州。这是一座有关江南记忆的宫殿，在幻灯片上无法看见，也无法仅用一个微信口令打开。

这样的苏州和旅游无关，它更多的时候是独处和自省，是黑暗处的烟火：

> 燕雁无心，太湖西畔随云去，数峰清苦。

或者，无月之夜，星晖黯淡，“冷水盘门”。

苏州不妨天气融和，但是，或许因为有了朝晴暮雨的太湖，总是云转云散，你可以感受到空气中弥漫的水分。从城中望见的天是青白色，连同城市，也是青白色的。没有具体哪一幢房子，会给你留下格外深刻的印象，因为城市整体是致密的一大团，见证着这座城市在近代以来一贯的富庶。然而，喷薄而出的商业的热意，又常和城市内心的淡薄形成戏剧性的反差。日常生活的精致，对应着拒绝改变的庸常。风景的盛名，受制于尴尬的容量。结局，依然是小范围内的灰、白、黑。

值得指出的是，苏州并不素来就以园林著称。1918年，后来建起了清华和北大校园的美国建筑师亨利·墨菲（茂飞），提都没有提到如今可代指城市的苏园。到此一游，他印象最为深刻的，是运河边“挤满的簇拥的人群”。沿着青石板路拐弯抹角地走进另一个世界，就如同只能容独舟的河渠，可抵达某一人家隐秘的后窗。城市是致密的一大团，园林是这大团缝隙里的苔藓，无声、稠密，湿冷。

苏州园林不是一座园林。事实上，它们是不同的园林。拙政园、狮子林，别看今日熙攘，在从前，它们其实是城市过去的空白部分，在《园冶》不曾概括的“城市地里的村庄地”中。网师园、沧浪亭，身处空白与充实的交界，残粒园、曲园，挤在更细小的缝隙中。但是，超越尺度差异，它们的共同点都是“向内”——事实上，就算是那些周边没有外部压力的园林，例如阊门外的留园，也会向内尽力挤压，创造出更多的层次。如此，自己就是自己的外部，一旦走进里面，还有更多的里面。由此而来的记忆的皱褶，像极了太湖石中、枫杨树干上类似的东西。那是即使走进园林的人们也无法抵达的城市的内心，一种我们并不熟悉的历史。

这些皱褶一旦被打开将会发现什么？莫非，是像橘瑞超从楼兰“三间房”的土墙间隙中无意掏出，并耐心展平的“李柏文书”。毕竟有千年了，当古纸上的文字现于眼前，枯燥的沙漠中，立刻溢满了风光和气息。

然而，这个愿望并不能成为苏州旅游的现实。毕竟，气候不同，可以拧出水的湿纸难以被平整地展开。现实的苏州，是吴冠中画中一律的白墙黛瓦，是小河两边一路出售无死角的照片景，是被百十人团团围定的画船。这是时尚的、然而未免有些凝滞和平板的“江南”。这个印象如此强烈，就像黄梅天墙上的雨痕。尽管主人也想努力擦拭，但屋漏无处不在。它让意识中真正的“白”，也就是某些建筑师想从园林思想中发现的强有力的古典类型，变得不大可能。斑驳，容易图案化，沦为装饰，也使人们回避了这层颜色之后的东西。苏州园林除了不是某一座园林，它也不是永恒的风物。自然——有关自然的历史，一定少不了“变化”——刻意的变化，往往抹去了一切变化，就像吵嚷着涌进园子来的游客群，断然否定了某一个游客的存在。

园林史绝不是一部连续的历史，像罗马时期、中世纪、文艺复兴等或是唐宋元明清那样排列。相反，它提醒着我们，一切记忆只是晚近的记忆，此刻的画面只能涂抹在上一轮的笔触上。比如，唐代的苏州园庭与今会有什么不一样呢？可以联想、臆测，却概无实据。白居易在水中打捞“江南物”那时候，作为“地方”，苏州估计还在摹写着京、洛的“山池院”。园林，如同一件南方的贡品，可以拴在蹀躞上、纳入鱼袋中，但只有笼统的出处。毕竟，好多年过去了，蒙蒙的树丛里，人事发生了又消失。要么没有边界，要么有了复又更改。恭维和毁誉总是送给当下的，苏州的生活，注定是此刻的生活。城市范围内，似乎没有特别持久的建筑物。就算是池塘中的双塔影，也在摇曳。那是更深邃的，但也谈不上永恒的苏州的古代。

有关今天园林的记忆泰半都是百年内形成，它们重生于太平天国洪、杨的劫火——狮子林在战乱中颓圮。沧浪亭，毁。涉园（耦园），毁。环秀山庄，伤。艺圃、拙政园，充为辕营。苏州阊门外损失尤其惨重，但“烧”出了一条现代的“留园路”，从此不绝的游人，不仅是步行，也乘汽车络绎而来。我的目光，无法驻于迷宫一般的留园园内，而是时常投向这条看得见的园林路。据说，它一路连接更早的姑苏（姑胥）的城址，比彩色卵石的铺地还要悠久——就像约翰·丹佛所唱的那首歌：“生活是古老的/比树还要古老……”

人们是因何走进了这座园林，又是从何处进入？也许，和这个大问题联系起来，园林中不能穷尽的细节、个别偶然的技巧与物象，也就没那么重要了。

因此，就算是跳跃喧叫的游人，在更大颗粒的时代的构图里，也和古典园林一起构成某种有意义的风景。

我爱在网师园中小坐。不是因为它是“小园极则”，而是因为它的问题有限又鲜明。要知道，在苏州，这是现在唯一常年可以在夜晚进入的园林，让你领略戏剧性的“嫣红姹紫”——在纽约的大都会博物馆，有一角“明轩”，是与网师园中“殿春簃”一模一样的复制品。纽约和苏州时差整一昼/夜，于是，在苏州和在地球的那一边，这是一座同时拥有白天和夜晚的园林。

已经移居到博物馆中的园林，它还有苏州的记忆吗？据说，近百年前，一位名声好大的四川艺术家来到这里，在亭阁水面之间养了一只乳虎。那时候，当然还没有“明轩”，我们还看不到各种以“园林”为名的张牙舞爪的“现代”。老虎，即使是一只小的，在这古雅的池台上也引人遐想——引得街坊一时间聚讼纷纭。在大都会博物馆中，现代人最关心的也应该是，“老虎在哪里？”

看到或者看不到，本身可能并不打紧。要知道，周围即将升起的现代房屋，鬼影幢幢，将比老虎在草丛中斑驳的花纹更令人胆战心惊。园中之虎，就和狮子林之狮，都是某种博物馆喜欢的传说。传说，也将是园林的一部分。

在园林中找不到老虎，但有时还能听到深夜里寒凉的虎啸。

城市核心地带边缘的沧浪亭，苏园“最老”（作者资料）

RADIO CITY
MUSIC HALL

1870—1900年

纽约的夜与昼

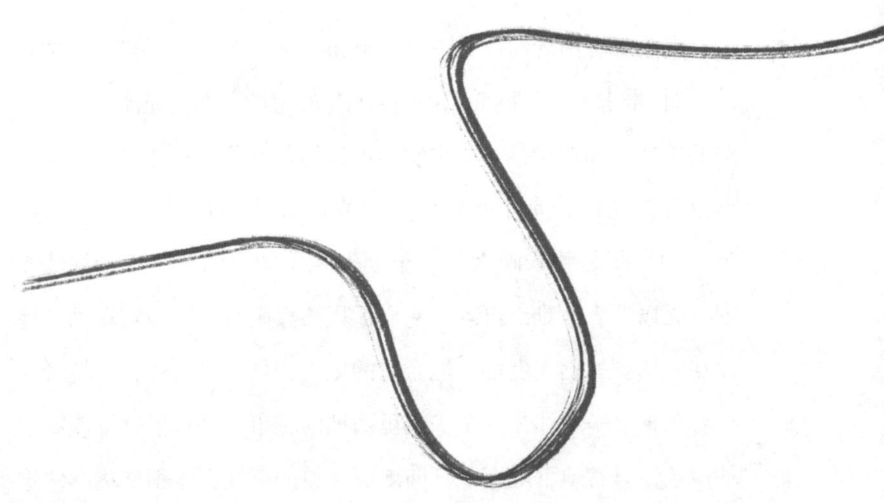

◀ 纽约无线电城（作者摄于2007年）

向来都有两种纽约：一种是旅游手册上7天24小时开放的纽约，“长乐未央”（The fun never sets）的纽约。那里充溢着光鲜亮丽的图片，和琥珀色美酒中映出的美男靓女脸庞；浮光掠影地瞻仰这样的纽约，是小女孩们“20岁前必做20件事”中的一件。另一种，却是朝八晚六，甚至朝七晚十的纽约客久困的缧绁生涯。无以言表，难以再现。它们像黑漆漆闹哄哄的地铁车站，埋没在一切胶片感光度都不能企及的城市深处，只有身临其境者才可心领神会——那是一个午夜里阴郁的城市，平日里毫不流露它的声色，只有地下隧道冬日向地面排放的雾气，才稍许透露些这黑暗世界的讯息……

艺术再现并不能创造出“黑夜城市”的替代品，它所带来的只是昼夜交替的图解。像通往希腊神话中米诺斯王迷宫的隐秘小径，发现之路和发现两者同样精彩，但过程并不等同于目的本身。

现代主义大师弗兰克·L.莱特在1932年的展览中，引用了一张著名的纽约照片。照片简略的提示语多少暗示着一种通俗的叙事，为那“下等人”和“上等人”捉对厮杀的时代所习见，画面本身却像这位时而保守时而激进的建筑师一样，让人有些捉摸不透：

……发现人……

是的，“人”在哪儿呢？当然，使“人”恐慌的，首先是消弭的尺度带来的悖谬。在此，“极大”和“极小”被混淆了，因纽约区划法令对高层建筑物采光的要求而导致的逐层退缩的摩天楼造型，造就了作家亨利·詹姆斯所形容的“时时抛下雪崩的阿尔卑斯的绝壁”；环绕建筑二层的巨大围廊被比喻成连接威尼斯街区的拱桥，在桥下，是黑色的豪华汽车闪闪发亮的顶棚所汇成的流水……但是，在照片中更重要的，是人工向自然合成而致的新的“如画”。为令画面黑白分明的层层逆光所捕捉，在此空间堆积、凝聚，又平展于同一时刻，浓缩在粗颗粒的影像层次中。

在这张纽约无名照片上，人们看不到明确的时令，判断不出喷薄而出的光线照亮的究竟是黎明还是黄昏。在黑白的画面中，工业生产的废气竟化作了萦回于蓬瀛间的渺渺仙雾。真实的空间被遮蔽了——或者说，被永久地回避了。人们所能看到的，只是光明和黑暗无穷尽的消长；世界工业的心脏，美国真正的“首都”，“商业的大教堂”的尖顶入云之处，俨然变成了午后的阿卡迪亚，众神俯瞰的奥林匹斯山。黑白摄影，或是受命为纽约描绘建筑图景的弗里斯·休斯著名的炭笔画，就是把这种夜与昼的二律悖反演绎得这样出神入化。

“昼”代表着令人炫目的进步和效率，那是在1893年哥伦比亚世界博览会上初露端倪的新大陆的“白色城市”。它牵扯着古典理想的复兴与人类历史上空前强大的帝国的力量：19世纪第一个十年著名的纽约规划里打入曼哈顿地面的大理石和铸铁界桩，确立了13乘以155等于2015个“标准”尺寸的街区。在城市发展史上，这大概是将“程序”置于“形象”之前的最著名的尝试。它带来了可以控制的生机，将这座城市后两个世纪的发展毕其功于一役。这种自上而下的规划，是“混乱而有序”的纽约的由来。

而“夜”并不是预设的结果，工程师和开发商自鸣得意的理念只是于此暂歇，夜却从未着意呵护普通人的感性，“夜”仅是“昼”的自然中断，没什么值得说道；它是纸上公平的开裂之处，是那些无以兑现的宏伟蓝图和困顿现实间的龃龉，显示了“演进”式和“催成”式城市的共生——夜与昼之间并没有截然的界限，摩天楼的高度垂落在狭窄的、深谷般的街道上，造就了一半在阴影里的城市。自上而下望去，匍匐在地面的众生相是不可能诉诸摄影视觉的。它们的闪亮像马赛克，在偶然的跳动中被长久地遮蔽、埋没了。抬起头来，人们也不可能看到完整的“进步”，他们目击的只是“进步”在云雾间的尖顶。

20世纪初，交通能力大幅提升带来的大量城市人口，促进了纽约都会经济火箭式的勃兴。这种高速发展是忠实地沿着1811年规划的大街前进的，但是，街区深处捂住的贫民窟的臭气也逐渐传到大街上来。直到20世纪初，纽约对下层居民生活质量的提升依然没有明确的法律指引。商业城市的唯投机是瞻，决定了有产者并无足够的热忱去改变这种悲惨的境地；这种上与下、外与内的尖锐对立，使得黑白摄影中的二色有了确切的含义——社会观察家们看到，“电灯光浴”以外的另一种曼哈顿埋在城市深处的4万多间租屋里，那里发酵着150多万人终日不见阳光的生活……那时候，托马斯·爱迪生发明的电灯远没有普及，镀金时代的贫民区通风不畅，肺结核等传染病还是不治之症。在争夺光、空气和水的战斗中，那些毫无胜算的人们，一旦不幸生病就只有等死。雅克布·里斯（Jacob Riis）算不上能和斯蒂格利茨（Alfred Stiglitz）齐名的摄影艺术家，但是作为一个记录者，里斯举起相机对准了不见天日的租屋，燃烧镁粉的闪光灯，第一次照亮了这黑暗世界之中惊恐的面孔。

一个世纪之前，里斯感叹道，如此的“城市生活”，最可怜的受害者还不是贫民窟里早殇的幼儿，而是那些依然活着而无望解脱的孩子。

19世纪眼睛向上看的建筑学“程序”和“形象”本是脱节的，它尚没有提供一种服务于普通人的类型学——这个任务仍需勒·柯布西耶等人在半个世纪之后完成。如果“白”和“黑”截然对立，一切就此完结，那么城市里这种庸常的生命悸动，至多可以诞生另一部《人间喜剧》，而和建筑学无关。可是，这种对立和脱节最终也带来了意想不到的后果。

在19世纪美国建筑从业者呆板的样式书（pattern book）里本是没有道德说教的。租屋（tenement）所沿袭的“类型”，多半是为一户殷实人家准备。以今天第三世界国家人民的眼光看来，它们甚至可以说是一种高标准的住房。但是，在日益稠密的城市的现实里，它却不得不由数家人分享——纽约底层人民的建筑学，没有“波扎”的学院派建筑师莅临指导，只有最朴素的实用理性蓬勃地蔓延。改建增建后的房屋，居住密度极度超标。于是，我们便有了纽约史上有名的贫民窟“租屋”。它们既触目惊心，又蔚为大观，闻所未闻，而且启人想象。像第七区樱桃街的歌山庭（Gotham Court），从万千窗中密密麻麻伸出的晾衣杆，喻示着一场与肮脏、贫穷和疾病抗争的无望搏斗。同时，这种搏斗也演变成了一种当代的奇观，成为富家子寻开心走访贫民窟游戏（slumming）的主题，预示着后世“缙绅化”（gentrification，又译“中产阶级化”或“贵族化”）野趣的来源。

这个“歌谭”（Gotham）也是《蜘蛛侠》（*Spider Man*）等系列正邪战斗故事的舞台，一个真正的黑夜城市。歌谭起源于中世纪一个真实的英国城市，它的居民因为举止乖张而常常被人们用来打趣。华盛顿·欧文在19世纪早期第一次用“歌谭”来指代他的出生地纽约。后来的歌谭逐渐有了双重含义，它既可以指称如纽约贫民窟那样无可救药的黑暗处所，也可用来比喻一个奇想之中的所在，那里的居民并不生来就是疯子和小丑，他们“只是大智若愚而已”——麦克·华莱士（Mike Wallace）写道：“无疑，正是歌谭人这种没正经、善于忽悠的品性，曼哈顿才把它当作自己的别名。”

这样的纽约并不是“黑”，而是“灰”。

20世纪后半叶，风向急转，在现代主义耀眼却短暂的光芒过后，建筑学中“突然”涌现了一些对“黑夜城市”的激赏，就连被马尔科姆·考利（Malcolm Cowley）称作“最后一个伟大的人文主义者”的刘易斯·芒福德（Lewis Mumford），从底层人的角度，也发现了这座城市的黑暗莫名的魅力：

> 那活儿让我（早年的芒福德——笔者注）不得不两点五十分就起床，吃早饭……靠着厨房的窗户我就可判断出通过的轨道车是绿灯还是黄灯……由此判断出我还有多少时间用完我的热可可。那个时辰的黑暗和孤独，给我的这段旅途染上戏剧性的情调；它甚至使得一个人感到，在送牛奶的人来到之前就步入上工之途，似乎有点些微的优越感。

电影《午夜牛郎》（*Midnight Cowboy*，1969）中，得克萨斯的牛仔乔·巴克与拉奇奥·里索搭档在纽约出卖男色。南方温暖广阔的冬季代表的是阳光和健康，与纽约窄巷之间的罪恶形成鲜明的反照。但是，值得玩味的并不只有男主人公之间暧昧的情意，还有20世纪60年代纽约自我丧失的模糊的背景。那不仅仅是被谴责的黑暗欲望，还有对欲望本身的玩味与沉溺。它指向一种诱人的暧昧，西方文明的考古学中一个悠久的命题。这种暧昧永远不会冠冕堂皇地写在历史之中，却不时在如库布里克电影《眼戒大开》（*Eyes Wide Shut*）这类文艺作品中，或是在揭露名人私生活的小报记者的牙缝里透漏些消息。它们常常是令人意外的丑陋与阴郁，逆着人性之光，让照本宣科的学问家大跌眼镜。

阴影之中雀跃着的欢愉，隐隐地反映了现代主义之后，甚至之中有一种不安的躁动。建筑或城市应该为人们创造天堂社会中的福祉，抑或这样的天堂本就是幻影？

20世纪60年代末以来，撕裂符号和意味的“语言学革命”，让所有的里子都翻到了外面，旧日的贫民窟被翻新成SOHO时尚，“黑”和“白”的关系变得不再那么鲜明了。“文化无能为力之事，建筑学也一筹莫展”（雷姆·库哈斯，Rem Koolhaas）——现代主义之后的建筑师强调，建筑本身并不一定执著于某种道德标准，就好比如今纽约哈莱姆区（Harlem，又译“哈林”）破烂的黑人租屋，本是设计给中产阶级居住，那些建筑并不为后来的社会问题负责，而纠缠于建筑本身的“正”与“邪”，也无助于这样那样社会痼疾的解决。

——被解了套的建筑，一时间释放出冲天的魔气，于是有一群理论家忙着来驱邪消毒。凡·艾克所说的“迷宫似的清晰性”显然是同样的天真。按照他的高论，类似纽约的“混乱而有序”，反而更有助于个体对集体的创造性诠释，而不是倒过来，导致集体对个体的呆板控制。库哈斯著名的《癫狂的纽约》，不过是这种乐观版结构主义的个人化版本：那正是曼哈顿规划中所显示的“格栅”，一种毫无特征，却充满野性和放荡不羁的新都市类型学，是简单纸片拼成的万花筒。

似乎依然是高级秩序和低等趣味之间的战斗，精英现代主义的“白”和悲惨无望的“黑”的搏斗，这次在纽约杀成势均力敌。1969年，阿瑟·德克斯勒（Arthur Drexler）在纽约MoMA（纽约现代艺术博物馆，Museum of Modern Art）组织了一次展览，“纽约五人组”因此暴得大名。他们是5个在纽约的青年建筑师：彼得·埃森曼（Peter Eisenman）、约翰·海杜克（John Hejduk）、迈克尔·格雷夫斯（Michael Graves）、查尔斯·关斯枚（Charles Gwathmey）和理查德·麦耶（Richard Meier）。“纽约五人组”所谓的“白”色组合，其实是个松散的同盟，除他们都追求最“纯粹”的建筑形式，想要使得建筑从“语言的牢狱”之中，也就是从无休止地对各种意义的追索之中解放出来外，他们之间其实找不到什么共同之处——包括颜色。

1973年5月号的《建筑论坛》推出了另5位站在潮头、更立于街头的“灰”色系建筑师，他们是罗兰德·邱果拉（Ronaldo Giurgola）、阿兰·格林伯格（Allan Greenberg）、雅克·罗伯逊（Jaquelin Robertson），以及领军人物查尔斯·摩尔和罗伯特·斯特恩（Robert Stern）。立足于“日常建筑”有生气的混乱，他们向“纽约五人组”的自我陶醉猛烈开火。对他们而言，完全“纯净”的形式其实脱离了日常生活，无视使用者卑微但实际的情感需求，将导致造出一幢不能使用的、与基地全然无关的房屋。

辩论的背景声里，是罗伯特·文丘里（Robert Venturi）《向拉斯维加斯学习》（*Learning from Las Vegas*）巨大而弥漫的轰鸣。

“五对五”，被更准确地形容为“白”和“灰”的胶着，而不是“白”对“黑”一边倒的救赎。这暧昧的“灰”的出现，喻示着现代主义改造“混乱”“黑暗”纽约雄心的最后终结——不食人间烟火的“白”并不想遮蔽“黑”，在认定建筑师无意也无力拯救整个城市的同时，“白”使得学院派一代心中的“白色城市”变得透明无物，建筑从此成了一种新颖的光学魔术——岂不见新的纽约时报大厦的设计师伦佐·皮亚诺（Renzo Piano）仍在为他犯下的一个小错懊悔，只因为他用的碳纤维杆略有些灰调，不足以像苹果公司的设计那样晶莹剔透，好让大厦的立面在城市中隐身。

而“灰”其实也未必真的想皈依于“黑”，它们和“白”的相同之处或许要多过分歧——或多或少，他们都承认了清晰的古典建筑体系的崩溃，而对这混乱的现实闭上一只眼。无论白、黑、灰，精致的游戏无以确立新的经典，而理论家们发掘出的粗粝的日常诗意，也不一定能为真正的普通人所认同。

但是不管怎么说，这场“白”和“灰”的对决，使得20世纪70年代以来的西方建筑风格进一步混融，连累到不食人间烟火的“高级建筑”也或多或少要向大众趣味看齐。在这种大势之下，孤芳自赏的“白”自然比“灰”更加脆弱，愈发难以趋同，“纽约五人组”除了在1972年的《五位建筑师》短暂把酒言欢，其实早已分道扬镳。但“灰”似乎也好不到哪儿去，自然而然地，他们对于“有生气的混乱”的推崇，使他们很难在这混乱之中形成一个有意识的共同诉求。

讽刺的是，这场理论战斗的主战场放在了纽约：无论“白”或“灰”，都试图从纽约的庄严或通俗中寻求灵感，但在这座以冷静的商业计算著称的大城，厮杀的双方其实都没有什么机会。比如“纽约五人组”中最“白”的理查德·迈耶，1963年就开始在纽约从业。在5人之中，他没什么艰深的理论，大概算是商业化趋向比较显著的一员。但是，他位于佩里街（Perry Street）的作品，一幢貌不惊人的商业住宅，居然是30年来他在下城拿到的第一个项目！20世纪末的精英建筑师们终于开始兵临城下合围纽约，但是这一次，他们是通过一种低首俯就的方式，与英雄般傲慢地莅临曼哈顿的现代主义先贤截然不同——对习惯于用卡拉卡拉大浴场的样式营造火车站的纽约客而言，这原是不可想象的。

用LED光源装点的“新”纽约几乎是透明的，但大都会紧密包裹的物质质地，依然形成了天然的、比防火梯密密缠绕的老旧墙壁更水泄不通的边界，使得内心的世界虽然近在咫尺，却彼此不通讯息。当人们出行时，也用不着穿过那些精心安排的错落着的剧院。他们孤立的内心彼此间的交错，本身就是一幕幕活色生香的戏剧。在纽约，在地下铁逼仄的空间里，在峡谷般黑暗的摩天楼的深谷里，那喀索斯庇护着的自恋者现在有了新的可能。

米歇尔·福柯论辩道，有一种阴暗的所在叫作“黑夜来临之处”，它阻止了启蒙精神所期待的事物、人和真理的充分显现。18世纪晚期，在“进步”和“文明”的合奏中，人们已经看到，有些人天生喜欢“石头墙里的奇想世界、黑暗、不宣之秘和地牢”。这种对于黑暗的迷恋，本自有其确实的社会原因，罗杰·卡洛伊斯（Roger Caillois）却试图将它一路降落至生物体的本性——就像那些伪装成自身背景的昆虫那样，生物体并不“从属”于空间，也不踞于空间之上，它们的本能，就是试图成为空间中混融的一部分。

和那些个阳光下突出“主体”的冲动恰恰相反，黑夜反而是比光明更密实的、被填充了的混沌大块。

纽约无名照片，弗兰克·劳埃德·赖特引用于1932年建筑展。在这张照片中找到“人”是很困难的，而这无望的局面正是赖特的用意所在。“黑夜城市”不仅是纽约的诨名，也是它的物理状况和心理构造的写照（作者资料）

The Museum of Modern Art

1930年代

橱窗的故事

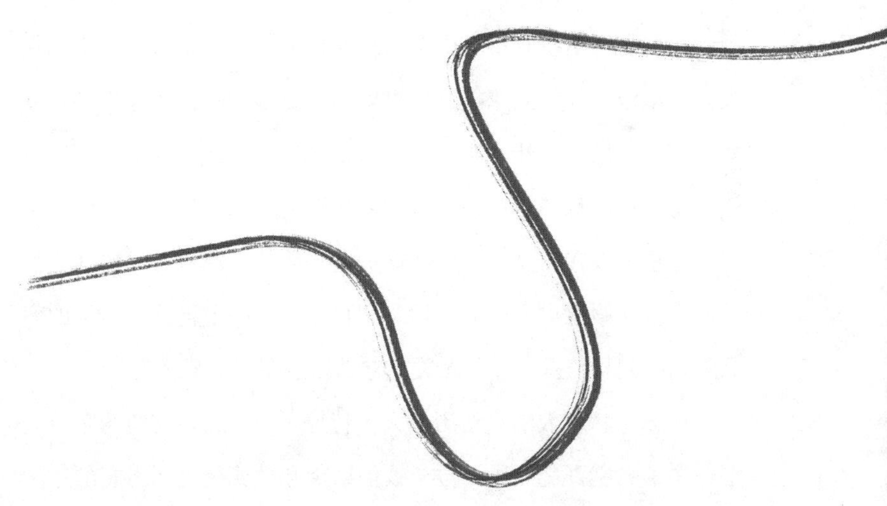

◀ 纽约现代艺术博物馆（作者摄于2007年）

在罗马的图拉真市场中有一种叫作Tabner的小商店。市场很大，很多地方都彼此遮挡，店里就别提有多阴暗，于是额外在立面上方开了扇窗，让顾客可以看清楚屋里的东西。这样的手法虽然简易，却和万神庙穹顶“醍醐灌顶”的意义相仿。一般的买主都把注意力放在商品上，即便仰头向光明的来源看去，也什么都看不见，就假定桌子上的一切是“自动”点亮了自己。最早的商品陈列因此和“里—外”无关，它是沐浴在“上帝之光”里的。

1846年，新大陆。亚历山大·特尼·斯图瓦特在纽约东百老汇街建了一座百货商店，位于钱伯斯街和瑞德街之间。它的造型很像一座文艺复兴时期的府邸，使用的又是白色大理石的贴面，因此大名叫作“大理石宫”。其实这座貌似复古的建筑使用的是铸铁的框架，是当时正在成为主流的建造技术，它的好处就是允许开大片的窗户。这使得建筑物有了一种文艺复兴时期府邸所缺乏的透明性，让里面发生的事情“春光乍泄”。除此之外，斯图瓦特提出了新花样——“免费入场”。

今天看来这种说法似乎多余，哪个百货商店不是免费入场的呢？然而，在当时西方城市中并无什么大型室内的公共空间，这让近2000年前罗马人的公共市场依然“先进”。正因为此，“大理石宫”和城市的关系是空前的：首先，一个私人业主貌似慷慨地提供了新的视觉自由，貌似向内、具有不可捉摸的深度；其次，这自由并不遥远却也绝不贴近，而是和大街隔了层薄薄的玻璃。

建筑“立面”从此有了新的可能，它正像潘诺夫斯基（Erwin Panofsky）所说的，“看到了”变成了“看进去”。虽然那个时代的玻璃应用得并不算大方，但是这种形式立马使得一扇扩大的窗户变成了橱窗——两者只有细微的区别：一般而言，橱窗创造了一种幻觉，它让你“以为”自己“看进去”了（实际上人们看到的至多是部分的室内）。对纽约人而言，19世纪出现的“大理石宫”是另一个世界，每扇橱窗都向你打开了独立的、更小的奇境。橱窗里的货品和柜台上摆着的货品其实是一样的东西，但是橱窗的物色看上去熠熠生辉，远远比在商店里看着要好。

这种展示方式和18世纪以来陆续出现的展览建筑没区别，比如在慕尼黑的著名古代雕塑展览馆（Glyptothek），实际上就是将博物馆的里子翻到了外面，希腊柱式阴影里的神坛现在明晃晃地朝向了大街。可是，如今圣龛的内容换了，它们体现了新的日常性，自我矛盾的日常性——今天你若是从西欧的一些城市，比如海牙、鹿特丹走过，还可以看到这种私人领域三心两意的公共展示。在这些小尺度的街道上，挨着狭窄的人行道，每家每户都有几扇窗户，和外部城市之间几乎没有缝隙，因此住户必须拉上窗帘；与此同时，“私家密室”又有最低限度的向外展现，窗帘和玻璃之间，夹着薄薄的“橱窗”，橱窗中陈列的这些物品既是在“里面”的，又是在“外面”的。商品后看不大见的背景墙，就像这些缝隙微露的窗帘。它们可以拒绝那些粗鲁打探的目光，但更多时候是吸引过客“进去”，进到一个不知所终的所在。

虽然不是真正的神坛，商业橱窗的品质还需要“光”来点石成金。这些照明设备通常隐蔽在看不见的地方，顺着人的视线打出、照亮了背景墙。这些供奉新的神祇的神龛虽然只是一个长方形盒子，但是它倒也像图拉真的市场。两者的联系在于，人们同样看不见光的来源，所有照明设备都是从“后面”来的，因此有着同样“自动”点亮的效果。这些神龛和图拉真市场的不同之处，则在于人们拿不到这些货品，也不能真的购买它们。虽然店里确实有一模一样的东西，但是这些被“上帝之光”点亮的物色的意义是独一无二的。

镀金时代的作家，比如欧·亨利，作品中多次提到被“橱窗购物”折磨的穷人的目光。新的橱窗设计并不仅仅是诱惑人们进店购物，由于上文说到的那种从“身后”而来的特殊光效，人们以为看到的精彩是“外面”——和坐在电影院里远望银幕上图像的情形相仿——可是只要退后几步，这种幻觉就会逆转。因为玻璃本身反光，上面倒映着颠倒的城市。观众会立刻意识到，他们看到的实际上是个密封的博物馆似的匣子，一个透明的囚笼。

就这样，玻璃窗所打开的建筑立面内的世界，让它伪饰的背景墙给搅糊涂了，橱窗展示成了一个无穷无尽地逆反下去的双重幻觉。这种橱窗的意义和里面的商店是并列的，使橱窗日益成为一个独立的舞台。这其中，背景墙并不是最重要的，隔在观众和橱窗内部之间的那片薄薄的玻璃才是。它像一种随时变化着的心理的布景片，观众则和《阳光灿烂的日子》中在露天银幕两头乱窜的小孩一样，有时在布景片这头，有时在布景片那头。

在《癫狂的纽约》中，雷姆·库哈斯讲了一个有关橱窗的故事，故事主角是大名鼎鼎的超现实主义画家达利。故事的另一方，纽约商人布维特·泰勒（Bonwit Teller）要求达利设计一个橱窗。达利看中了这个大都市舞台不可思议的魔力。他琢磨的是看得见的超现实主义演出，在纽约大街上展开，是对“真正的和伪造的达利风度间差异的公开展示”，“基本超现实主义诗歌的宣言”。

达利设计的主题是“夜以继日”。他把资本主义文化的里子和瓤子一个接一个地翻到了外面。“日”之中的主角是一个侏儒，他披着“覆满几年的灰尘和蜘蛛网”步入“一座毛茸茸的，饰以羔羊皮的浴缸……注满水直到缸缘”。“夜”则是第二个角色靠在一张床上，“床帐是一个公牛头，嘴里衔着一只血淋淋的鸽子”。黑色的缎子床单像是被火烧过一样，“侏儒将梦幻般的头部靠在上面休息的枕头，全是炽热的煤炭……”。

库哈斯写道：如果曼哈顿的都市设计是一片“偏执批判性”

(Paranoid Critical Method) 的岛群，为格栅式街道组成的“环礁湖”所分割，那么，达利将它们隐藏的内容倾注入街道的客观空间，就成了一种颠覆这种既有秩序的行为：内部炽热房间的暴露，破坏了由不可见的光源创造出的幻觉，也使得玻璃所划分的理性和非理性领域间回环往复的平衡失效。

显然，这和橱窗的本意是水火不相容的。

一举拆除橱窗原有的幻觉机制实在惊世骇俗，大概为了不惊扰纽约的商店主，所有施工都是悄悄在午夜完成的。而达利在完成了自鸣得意的设计后就去睡觉了。一觉醒来，他在清晨的日光里跑去检查自己伟大的成果。可是这位艺术家惊讶地发现，商店的管理部门已经背着他改变了“所有一切，但是绝对是所有这一切”——它燃烧的床榻已经被整个移走了，裸露的侏儒被盖上了，室内歇斯底里的淫乱被压抑了……

萨尔瓦多·达利本可以转身回去，不伤和气地和商店经理进行谈判，探讨他们单方面修改他的“设计”是否违约。可达利采取了欧洲先锋艺术家特有的简洁方式表达他对此事的看法：

达利从商店内部——注意，是从商店的内部！——走进了橱窗，直冲着路人惊异的目光，试着举起和翻转那个已经被改头换面的浴缸，“在我举起（浴缸的）一边之前，它滑落了，直砸向玻璃。就在我终于可以竭力把它翻转过来的那一瞬间，它砸进了平板玻璃，将玻璃粉碎成了千万片。”

达利从窗子中怒气冲冲地走了出去，走上了大街。

达利在曼哈顿展示他的“魔法”(作者资料)

看不见风景的房间

1942—1944年

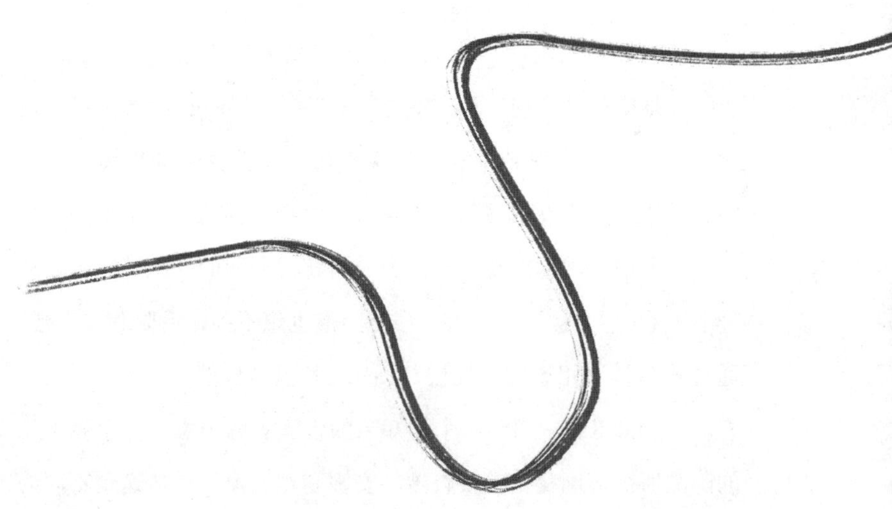

◀ 位于阿姆斯特丹运河街的安妮之家(作者资料)　位于运河街的藏匿所后部,也即"annex"的所在。

我猜，没有哪个西方人，会比安妮·弗兰克（Anne Frank）更强烈地懂得“室内”和“室外”的差异了——1942年，已经占领荷兰的盖世太保勒令她的父亲奥托·弗兰克立即出境，这以后，对于犹太少女安妮和她的家人，整个世界就只剩下他们和另一户所藏匿的阿姆斯特丹运河街一所普普通通的“配楼”了。从外表上看，“主楼”已经人去楼空，谁也想不到，后院和“主楼”通过狭窄过道相连的“配楼”（annex）里，居然还藏着8个大活人。1944年8月，由于一个不知名的告密者的出卖，这个看不见的隐匿所被德国秘密警察查抄。安妮和她的家人被遣送到不同的集中营先后死去，仅有她的父亲幸存了下来。

那无疑是西方建筑史上值得记录却又没太多人注意的一幢建筑。很多人知道这个故事，但忘记了这座房子。在西方社会中，大约很少再有这样的机会去人工摆布一个类似的小世界——即使安德鲁·怀斯（Andrew Wyeth）笔下的不能行走的克里斯蒂娜也可以拥有真实世界的一角（在他笔下的《克里斯蒂娜的世界》里，残疾少女克里斯蒂娜至少占有了整个地平线以下）——而少女安妮的世界却是一个完全与世隔绝的世界。一个看不到风景的房间。或者，更精确一点说，这是一个遁身在世界中的世界。这个小世界是自足的，又是脆弱的、模糊的。它时刻焦虑着、渴望着与外面世界的接触，但那庞大的外在世界的重量又让它随时感到有被吞噬的可能，哪怕仅仅是通过一扇小小的、经过伪装的旋转门——事实证明，这一天的到来就是他们大难临头之日。

“安妮之家”事实上是一间囚室，而这家人是自愿的囚徒。就像安妮的爸爸奥托·弗兰克先生说的，既然外面反而不安全，“就让我们自行消失吧”。一旦藏匿进去之后，他们因为害怕，就拿破布废料做了窗帘钉在窗框上，晚上还得拿纸板严严实实地把窗户再密封一层，以防夜里的灯光走漏出去[1]——这“墙”比一般监狱的还要结实，但更可畏的“墙”是心理上的，孩子们就连发烧了也不敢冒险出门。时间长了，他们越来越丧失对外界的感知，几乎变成了“盲人”，“听觉”却更加灵敏了。住客们就连生病咳嗽都不敢大声，不用自来水，也不冲马桶。这堵墙挡不住的就是外界的声音，危险并不是从感官世界里消失了，相反，它们从各个方向传过来，很难判断它们是什么，又在什么地方。有点风吹草动，这里便有了一种超现实的体验：

1. Melissa Muller, *Anne Frank*, *The Biography*, Metropolitan Books, 1998.

……他们在下边坐在楼梯上，仔细地听。起初没听见什么。但是突然他们听见两声很大的声音，仿佛屋子里的门被使劲甩上了……我们等了又等，但什么声音也听不到。

……我们大家非常不安，尽管八点以后——现在已经十点半了——再没听见什么。激动的心情平静下来后……有一个人还想到，旁边屋子里的仓库管理员还在干活，因为墙壁很薄，人们很容易把声响发出的回音弄混，而且在紧张的时刻，想象力会起很大作用。

于是我们上床睡觉，可是没有人能真的睡着。父亲、母亲和杜瑟尔一再惊醒，稍微夸张点说，我也一夜没合眼……[1]

“内”和“外”的接口既可以是物理的，也可以是心理或者其他意义上的。前者比如门、通风口，后者比如“视窗”或者网络连接——显然，传统建筑学感兴趣的主要是显而易见的“门”和“窗”，它对通风口（藏起来了）和网络连接（不是实体的）这类技术性的，以及看不见的社会学的“接口”不甚有兴趣。“接口”[2]，传统上意味着接入（access），法国哲学家德勒兹所说的“无器官的身体”（Body without Organ）则将物理空间的转换替代为“过程”或者“机能”。“内”“外”不再像以往那样对称而

1. [德]安妮·弗兰克：《安妮日记》，宁瑛译，浙江少年儿童出版社2004年版。

2. 接口（interfacing）的提法见于Nikolaus Kuhnert和Angelika Schnell对“折叠”（fold）的讨论。

分明了。

当代建筑学的新“接口”，正是来自被再次发明的社会性“身体”。“无器官的身体”之类概念预示着新的技术和社会条件下的空间状况。例如，“图像+建筑”产生了非物质化的“图像建筑”和“表皮建筑”，带来了抽象的、非物质化的身体，这种身体没有传统建筑学所必备的“深度”“轴线”这些概念。从另一个角度而言，新材料和新结构的使用又成全了建筑学身体的新“体感”。例如，妹岛和世在日本金泽设计的21世纪当代美术馆，使用了大量的透明玻璃分隔。在这种条件下，“内外”的界限变得模糊了。重重叠映的玻璃既使得建筑的整体结构更加清晰，实际上又使得各部分的内部关系更加暧昧。

总体而言，无论是在视觉心理上还是在物理和社会条件上，代表着世界的室外和代表着个体的室内，现在都有了更多可能的“接口”方式。

安妮·弗兰克日记牵涉一个建筑学的问题：是什么使得一幢普普通通的六层建筑如此惊心动魄？安妮之家是西方建筑中不多见的一个真正的内省式的空间（introspective space）——纽约运河街（Canal Street）有很多这样街面狭窄、进深幽邃的套房，除非仔细核算每层的面积，不然单纯从外立面看，一般来访者很难判断这个密室在楼后的存在。就像一堵单面的“墙”将安妮之家包裹，“配楼”没有室外，只有室内。不仅因为它仅有的几扇面向后街的窗都数年如一日地拉着窗帘，从心理上，安妮一家也不得不排除室外的世界和他们的任何关系。一家人同处一室，对于外在世界的全部意义，他们不得不向内寻求。

在长达3年的藏匿时间里，这种不得不“向内看”的严重的非正常状态显然带来了问题。最新出版的安妮日记没再避讳，直率地披露了处于青春期的安妮因此而来的苦恼。她别无选择地“渴望着找一个男孩子接吻”，哪怕他就是彼得，那个一起藏匿的另一家的孩子。其实她从前并不喜欢他。即使恋上了他之后，安妮也常怀疑自己的选择——安妮既恐惧我们上面所说的那道“墙”的存在，又强烈地需求另一道“墙”。或者更明白地说，有什么东西，可以在她的自我和另一个可以倾诉的对象之间确立清晰的秩序，既能确立自我的隐私边界，又能倒过来促进自我和世界的交流。

在这种困难的情况下，她的父母很自然地漠视了青春期少女对隐私的渴求，安排她和比她大很多的老先生弗利茨·菲佛（Fritz Pfeffer）住在一起。她形容菲佛是一个“无趣的，老派的”人。安妮想要从他面前逃走，却无路可逃，只有在暂时使用的卫生间里，她才感到释然。“我最喜欢这个地儿了……”她在日记中喃喃自语说，“……然后我就睡熟了，有种奇怪的感觉，想变得和‘我’不一样，或者和我要成为的那样不同，可能和我要表现的那样不同。”已经忘记年轻是怎么回事的菲佛先生，也许觉得这个小女孩古怪极了，但其实她不过是想在这个内向空间里重新发展出一个小世界。为此，她再写日记时甚至开始使用各式各样的化名了，这样就只有她才明白里面都写的什么——除了记录的功能之外，日记还是这间囚室里的另一个居民的地址，是通向另一个世界中的世界的入口。[1]

内向空间的例子在中国文化中比比皆是，“画地为牢”甚至成了一种文人理想。在这种内向空间中，室内有可能颠倒过来成了室外，而对于“大”的寻求往往要在“小”中完成。和安妮之家可以比较的是唐人笔下的“槐树国”。在一个或许有温暖阳光的懒洋洋的午后，一个求取功名不利的潦倒书生，由槐树下洞穴里的蚂蚁窝梦见了另一个世界。那本也是一个世界中的世界，却自成壶天，甚至时间也缩入了这个没有外只有内的世界。当外在世界的时间陷入停顿，书生在他袍袖笼罩下的这个小世界中经历了由寒微到富贵直至最终幻灭的整个人生。和安妮一家被束缚的，然而又是强烈的对室外的渴望不同，书生注视蚂蚁窝的目光想必是艳羡和满足的。在来往于这两个本不相关，尺度迥异的世界之间时，他获得了无限的自由——至少从字面上看是这样。

安妮之家和槐树国的对比可以让我们认识到，室内—室外的区别实际上是一个与身体相关的空间层次问题，或者说，肉身的知觉和“世界”间交接方式的问题。如果说安妮之家表现了一种不可抑制的“向外看”或“向外感知”的渴望，那么中国建筑传统则赋予了“向内看”或“向内感知”极大的优先权——这样的比较，当然不仅仅是抽象设计原则的对照。我们需要认识到，这一建筑传统是基于不同的文化经验和社会情境之上的。

1. Ruud Van der Rol, Rian Verhoeven, *Anne Frank: Beyond the Diary – A Photographic Remembrance*, Puffin Books, 1995.

安妮有几次偷偷地揭开窗帘，都被奥托先生严厉地制止了——安妮之家中的那扇窗是永远不能向外打开的。它使我们这些从中国园林中来的人，不禁好奇：真的可以有一扇“向内看”的窗吗？或者，“向内看”之后，“窗”还存在吗？

乍一看，从庞贝遗址上还可以看得到的“peristyle”式住宅到阿尔罕布拉宫的狮庭，再到波特曼酒店的人造中庭——它们都是某种“四合院”——“向内看”的例子似乎比比皆是。但是，“四合院”能否成为一个内向型的空间，不仅仅关于内聚式的建筑结构，不仅仅关于这些不同文化造成的空间的迥异尺度，关键还在于相互关联的知觉经验和社会情境：其一，要有一个相应的可以延展或收缩的社会性的身体，并足以把整个建筑空间统摄在自己的知觉之内；其二，要有一个幻觉性的、可以在各种不确定性之间互相转换的视觉心理机制，这种机制强大到足以从技术层面消弭物理身体和知觉身体的边界。

仅仅靠静态的建筑类型（type）是不足以说明问题的——特定的“内部”是抽象的建筑类型，再加上具体的规模、结构和制度。[1]当对“身体”和社会的大小认识都不复从前，空间的关系也随之发生变化，这构成了建筑学和社会学共享的“结构”和层次分化的基础。

1. 建筑学者们认为，在5世纪之后，peristyle随着罗马人生活方式的衰落而告一段落，取而代之的公共空间是basilica，两者都有或者露天或者封闭的“中庭”。但是，中世纪的空间情趣显然和罗马人是不大一样的。basilica的体量显著地增大了，这使得它的空间变得不再均一，它的内部不是一个或几个巨大的“房间”，而是潜伏着多个彼此并无清晰界限的“房间”以及它们所构成的新的集体。中世纪的教堂和罗马人的公共建筑体量几可比拟，但它既不是纯粹私人的，也断然不是一个开放的领域。

——要知道，一个清晰地定义和区分了层次的社会将会有远不一样的空间意识，现代社会中这种看不见的“结构”威力尤其强大。第二次世界大战中荷兰的犹太人遭受了尤其严重的死亡灾难，73%的死亡率在西欧的德国占领区是最高的，远远大于比利时的40%和法国的25%。威廉·塞尔策（William Seltzer）和马戈·安德森（Margo Anderson）认为，这是因为荷兰有着尤其严格的居民注册系统和身份认定制度，可以追踪一个人“从摇篮到坟墓”。在战前，荷兰当局将其吹嘘为一种成就，说它们为行政管理和社会研究打开了方便之门。讽刺的是，当1942年德国占领军接手这套系统之后，它们也方便了德军对犹太人和吉卜赛人系统的谋杀，一个人将无可逃遁。[1]

“竹林七贤”之一的刘伶曾经说过：“以天地为栋宇，屋室为裈衣。”他脱光衣服赤身裸体在家里，却用这样的话来反击嘲笑他的人——你干吗闯到我的裤子里来呢？

这不完全是六朝名士的奇谈，也是截然不同的社会情境，提醒着我们另外一种文化对“身体”的不同看法。和刘伶一样，它认为它有把物理身体的界限延展到建筑的表面的自由。这种状况之所以成立，主要是因为男性主人对于建筑空间全面的支配权力，这种权力大到他已经觉得不必避讳身为奴婢的“外人”。而中国建筑传统所表现出来的园林空间，内向，却又不失灵活的调遣，则是基于这样一个事实：中国社会公共生活的很大一部分原

1. William Seltzer, Margo Anderson, “The Dark Side of Numbers: The Role of Population Data Systems in Human Rights Abuses,” *Social Research*, Vol. 68, No. 2, 2001.

是由私人领地来代理完成的——所谓“家天下”，这种“公—私”关系的层层嵌套，导致并不存在不变的“自我—他人”界限，大大有别于“公—私”截然二分的“图—底”（figure-ground）关系。所以，建筑外部的窗（面向街道）和内部的窗（面向庭院）体现的是截然不同的知觉经验。前者纯然是身体和外在世界的对峙，在传统语境中很少出现；后者却是身体的全部的“我”注视部分的“我”，或是一部分的“我”注视另一部分的“我”，是身体的知觉在它所能达到的范围内在各种尺度上变换和重叠。

问题是，每一个具体的“你”能在这种关系中充当什么样的“我”？

即使对一个没有建筑知识的现代人，这种听起来匪夷所思的事情，实际上也并不难理解：作为一个陌生人去参加一个可能使你感到尴尬的派对，你会习惯性地找一个墙角坐下来，以获得一个临时的、你控制下的空间，这个空间有着一个强烈方向选择性的视角（找不到的时候，你就成了尴尬的“外人”）；而“家”就不同，在你独享的只有十几个平方米的温暖卧室里，并没有一个你急切寻找的特定的安全位置，你的知觉是充分松弛自由、无处不在的。你回忆起“家”的时候，不是特定的一刻或空间一角，而是综合的、时空混融的经验——因为你在这里必定不是一个一夜风流的猎奇者，你在这里要住上经年累月的时间。

相形之下，传统的西方建筑教育中的知觉经验，总是基于观察者和被观察者之间的清晰界限，实际上也就是强调私人领地与公共空间之间的界限，因此才有了室内/室外，文明/蛮荒的对立。断面和立面的认知模式显得顺理成章。同时，层次、主从、时间序列这些建立起个人在空间内的尺度感的因素也变得必不可少。而一些带有东方色彩的建筑空间，比如苏州私家园林，似乎更加欢迎一种幻觉性的空间体验。“宅”和“园”的契合将社会的“我”和内心的“我”融为一体，将观察者和被观察者融为一体。在这种混融彼此的关系中，空间总是整体而不是个别地被把握，而肉身的物理边界也不一定是知觉所能达到的极限。界限的模糊导致那扇内在的“窗”无处不在，在苏州园林中，雪石和粉墙，白石与湖沙，碧色湖水与青葱的灌木，镂花隔扇与碧纱橱都是重复而有意并置在一起的元素。这种无处不在的细节之间的相似，使空间深度的判断变得困难，也使知觉获得了任意驰骋的自由。

回到安妮的世界。归根结底，“室内—室外”“世界—窗”的关系并不单单是一些空间形式的游戏，而是关联于里尔克（Rainer M. Rilke）所说的一些人类文明的“严重的时刻”。徽州庭院有狭小的天井，对于绵延的宗族而言它们是“四水归堂”的象征，可是鲁迅在类似的庭院中看到的，却是“铁屋子”里被“不自由”禁锢的天空——从不同的观察角度出发，对同一种空间模型的认知却正好相反。“假如一间铁屋子，是绝无窗户而万难破毁的，里面有许多熟睡的人们，不久都要闷死了……”鲁迅在《呐喊》序言中写道。在《故乡》选入的《少年闰土》中，他又提到类似的建筑意象，将其赋予了不自由的含义：“……闰土在海边时，他们都和我一样，只看见院子里高墙上的四角的天空。”

无论是安妮之家还是苏州园林，都以它们自己的方式在建筑内部打开了另一扇窗，一个因“我”的困顿或向内逃遁而自由或不自由的空间——乃知建筑相关于人的生活，永远是经验的。由此使人想起旧中国文化余晖中的“戏园子”，它不仅有一个富于特点的内向空间，也有一批无所事事的、热衷于逃遁的看客。不仅仅有演技精湛的演员，也有心领神会的文本读解。在这演员与观众界限模糊的空间中，即使不着装，无道具，也可以画地为台，生生地演绎一个不可见但可感的精神的渊薮。演员手势所到之处，既打开了一扇窗，也通向了一个世界中的世界。

安妮·弗兰克,1942年5月摄于藏匿之前(作者资料)

密室只通过一扇伪装成书柜的旋转门和前室连接(作者资料)

对西方中产阶级人士而言,和别人共处一室的状况是不甚多见的,对于正处于青春期的安妮来说更是如此(作者资料)

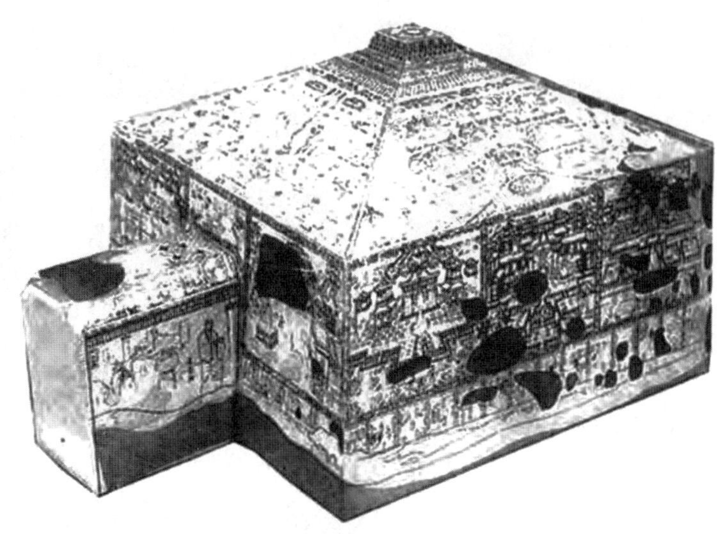

今天的敦煌石窟的意义只体现于“室内”(作者资料)

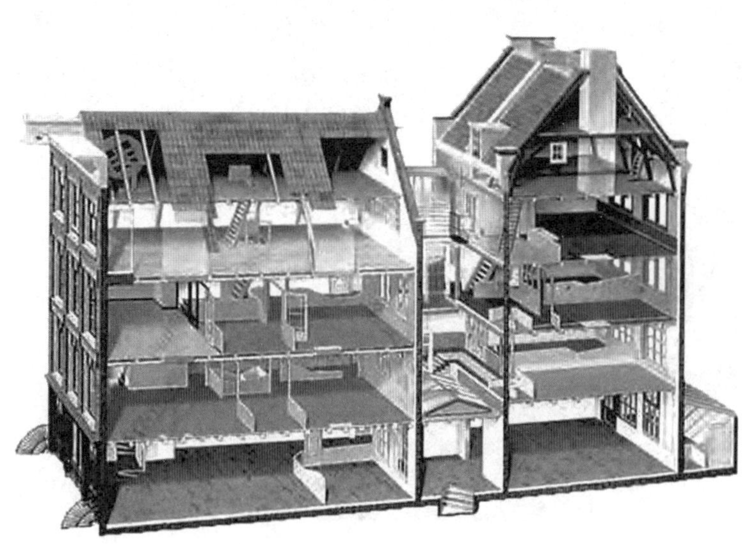

安妮一家藏匿所的剖面图,左为运河街,右为“Annex”(作者资料)

看不见风景的房间，阿姆斯特丹市鸟瞰图。内向的街区是两次世界大战之间西欧商业住区的典型面貌，中央的绿地是社区共享的开放空间和公共“后院”。虽然这里建筑式样传统，但公私的区分是清晰的，街区的结构并非像它看上去那样复杂烦琐。第二次世界大战中荷兰犹太人的死亡率格外高，据说就是因为荷兰有着非常高效的人口统计登记系统（作者资料）

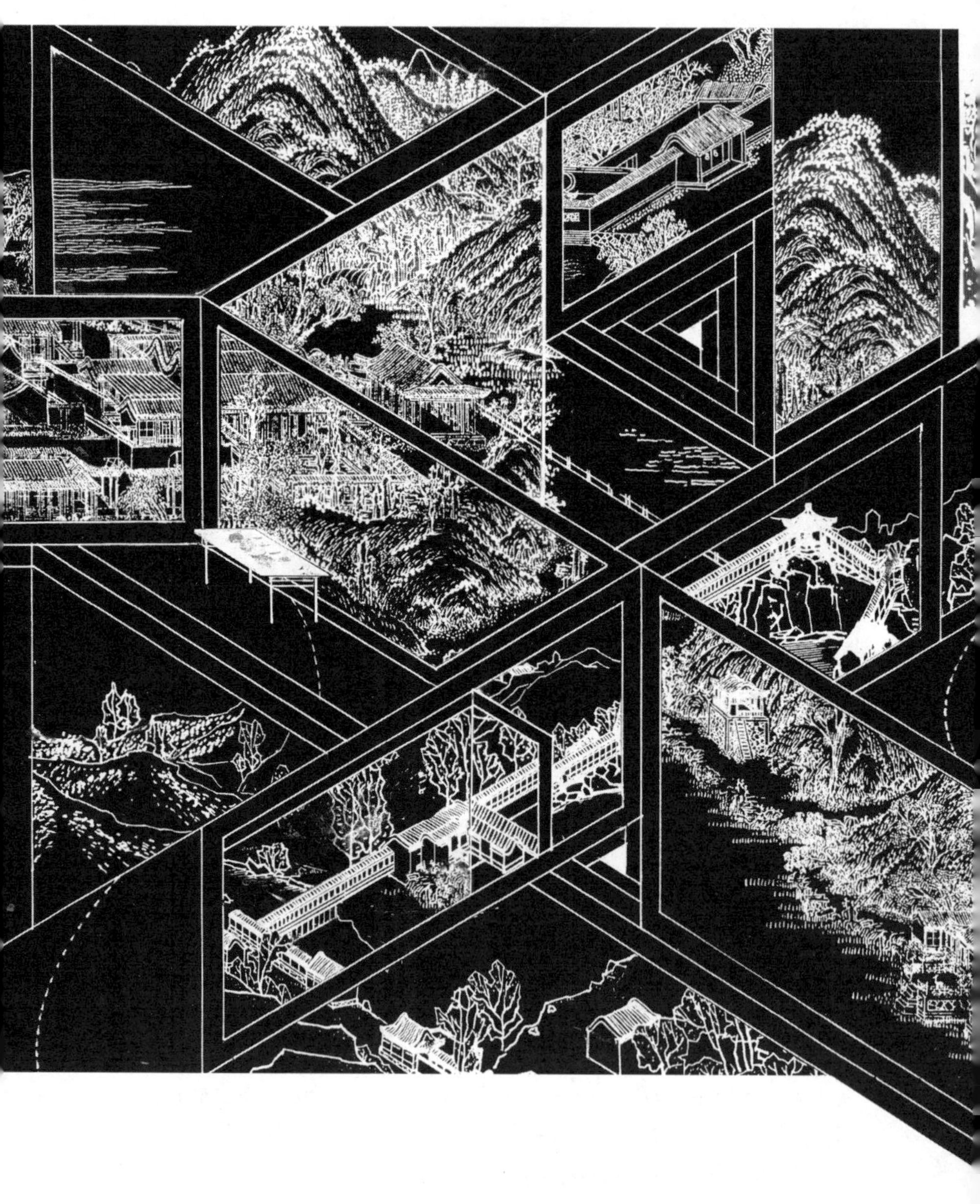

1917—1937年

女性的房子

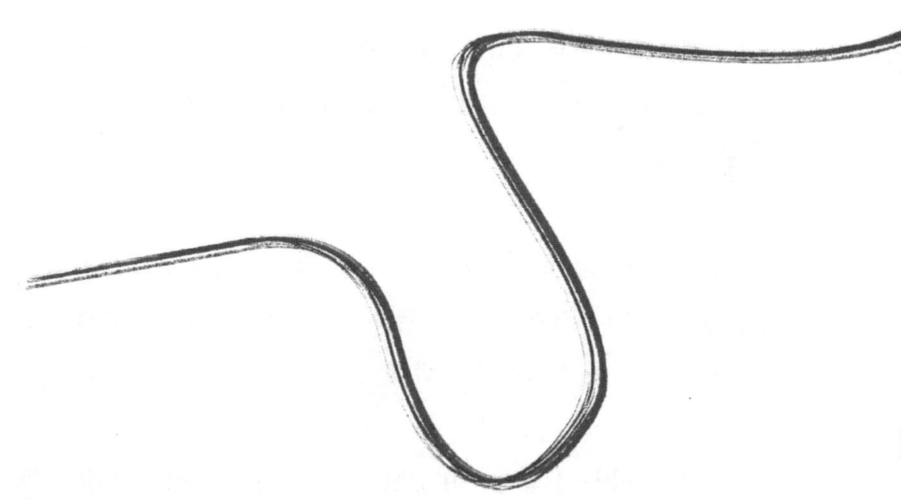

◀ 屏中的空间(作者2002作品,纸上绘画和拼贴)　在“女性的空间”和“女性占据的空间”之间有一种不确定的可能,那是确凿的摹写和虚幻的造境间不断往复的可能性。屏风“既是一个外在的物体,又是(使用者)身体的延伸”,通过这种三维世界里的图像“建构”,我们不仅再现了空间也营造了空间的一部分——或者倒过来说,空间不仅具有某种视觉读解的形象性,也对“看”的方式做出了界定。

建筑设计不折不扣是个男人的世界——不错，女建筑师的行列比起30年前大概已经翻了一番，妹岛和世和扎哈·哈迪德这样的名字很多人听起来已经如雷贯耳了。可是，这样一枝独秀的女建筑师究竟又有多少呢？重要的是，我们所熟悉的这种建筑学和它次生的文化完全是为男性——很大程度上，是西方白人男性——所设定的。这不是笔者的价值取向，而是一种既成事实：在这坚硬冰凉的现实后面，隐匿着人类社会讳莫如深的秘密。

文明如同一只幼兽。在荒原上奔跑的时候，它使得周遭浸满了一种气息，时而暴烈如疾风骤雨，时而使人动情，它深入林莽，扫荡大地……空间既然已经侵入了等级、生计、贸易等人类社会的每一个角落，那么性别也绝不例外。只是，从20世纪初始，正值“现代”，毕竟，哈德良的别墅朽旧了。

当巨石砌就的院墙倾坍时，隐秘的水池便暴露在众人的面前，从柱廊之间出发的道路延伸向世界的每一座门庭。

有色人种的面孔难得出现在“建筑大师”的圈子里，女性亦如是。这种变化，是随着“现代”的新世纪的到来，缓慢出现的。

阴阳

多少年前，空间是关于“有”的。

多少年之后，空间又突然“无”了。在国内某著名高校建筑系的墙上，刻着老子的那句名言——“埏埴以为器，当其无，有器之用”。

往漫漫太虚中寻求“无”的人，极可能患有先天厌女症或雌雄同体，他并不关心在纠葛中同时产生乐趣和烦恼的人事。福柯说，空间源自差别，只有肯定地“有”了，才能谈论“无”，这就是阴阳的来源；拉康进一步延伸了这种理论，他说，女性其实是不存在的，按照他的“主仆”理论，性别差别不是向来如此的，而是必须如此，只有强迫或自愿使得两方中的一方处于从属地位，一个稳定的、正常的社会秩序才能建立。

一间房子，因此，是明白无误的差异性的物化——不是20世纪之前的那种情形：所有的社交俱乐部都有“女宾室”，实际上和今天很多商场的托儿所是同样的功用；也不是20世纪之后的那种情形：所有的公共卫生间明白地写着男厕、女厕、无性别。女性和房子的关联源于一种更深刻的差异性："房子"本身就是一种性别差别和不平等的体现——男性注定是使用房子的。他能体验空间的事实，说明他本身并不是空间的一部分。注视着"无"并时而进入"有"的他，是外在的。女性却是房子本身，是"家"的化身。

室内

有一种说法，工业革命把女性从厨房的劳役中解放出来了。但是，西方自己的学者对此提出了异议，就像洗衣机，它虽然使得女性洗衣服大大方便了，却也带来了更多的家务，像琢磨哪一种牌子的防皱贴才能使衣服洗完了挺括如新、清新可人，像多出来的闲暇里如何学会使用电视上售卖的搅拌机，为丈夫和孩子们做点主妇们应该了解的新花样，更有甚者，洗衣机把"洗衣"这样的事情永远地从男性"应该从事"的任务里刨除了。效率创造了更多的需要，更多的专门工作。以前，大多数家务活都是体力活，需要男女共同分担，但是机器代替了男性的角色之后，男女在"需要"的丁字路口彻底分道扬镳了，就好像纺织机带来了男耕女织的标准图像，现在家务事彻底是与男性无关的范畴（革命后的中国是唯一的一个例外，大概因为革命的词典里讨厌和"家"有关的词语）。

女性的房子，或者说女性所代表的让人缱绻的"空间"，很大程度上是一种室内经验。这种室内不是和“室外”相对的“室内”，不，这里根本就没有室外！

没有室外的房子是没有窗的，或者说，整个建筑就是一扇巨大的无定形的窗，它的全部作用就是被“看着”；因为它没有外边，也就无深度可言，所有的零碎部件都像衣服里子一样被翻了出来，并且被拆散了平摊在面前，卧室、客厅、厨房，几乎肩并肩地排列在一起，拥挤在一块，多看几眼就会觉得乏味。但是，当你在这堆零碎旁长久驻足的时候，就会发现这幢房子的秘密：它并不引诱你走入，而是怂恿你旁观。仔细看来，在每间屋子里都有一个姿态各异，但表情相似的女子。因为她的身后没有退路，所以肯定不是像T台上的模特那样，从同一个门里款款地一遍遍走出来，变化成无穷模样的“个别”。相反，她们是同时在那里的。只是她们都注视着你，但彼此并不意识到互相的存在。

这时候，你——想必是个男性——千万不要出声，而且，你还要把手指放在嘴唇边：嘘，别让她们听见。

密室

现代的偷窥和古代的不一样。

现代的春宫秀旁通常有一个小槽，投入硬币，可以购买。你可以根据自己的需求和癖好，调节它的亮度和对比——而且不会有人来劝阻你这其实对视力有害，他们只会“好心”地告诉你，某一种牌子的秀“更加”有益健康。

密斯·凡·德·罗（Ludwig Mies Van der Rohe）的范斯沃斯住宅（Farns worth House）有一名挑剔的女业主，但是，她碰上的是一名更不好打交道的建筑师。这是一座傲慢的男性的房子，建筑师执拗地不愿意加上哪怕一小片遮蔽视野的实墙。房子周遭完全是透明的，只有极细的角钢模样的白色柱子，支撑起仿佛是浮在空中的屋顶。建筑师同样“好心”地告诉她，实在受不了的时候可以拉上山东绸的窗帘，就可以瞬间改变这座房子的观感——但是，相比慷慨地吸收目光和日照的玻璃，窗帘的作用实在是太微弱了。这间像温室的屋子即使在林间也热得要命。

于是，范斯沃斯医生把这位著名的建筑师告上了法庭。

注意，透明和“恍如无物”(那是密斯自己的口号，或者障眼法）还不是一回事情。“无”并不是“没有”，无物，是理念层面的一贯、透明，却意味着一种幻觉之中摇摆的深度。它有时有，有时又突然失效。

1985年，著名的“游击队女孩”在同样有名的安格尔式人体上安放了一个大猩猩的面具。就像不得不自己拉上窗帘的范斯沃斯医生一样，她们创造了一个显而易见的两难：美好的女性的身体加上一副未必搭配的面孔，就好像“人妖”让人们参观“她”的下体，你会突然恶心得把昨天的晚饭都吐出来——是的，回忆中的美味是不打折扣的，但偶然现形的欲望就像胃酸一样，既然有了难以抑制的涌动，就没法咽回去，吐出来虽能暂时消除这种两难，但还是难免饥饿，重新恢复的胃口意味着更多的饥饿。

花园

花园应运而生。它把建筑或者城市的“内急”排除掉了，并且在这里随地小便的人们一般还不会受到谴责。

男性的文明有两种适合他们女士们的花园，一种代表着怒放的生殖力，看上去无拘无束纯然是一片自然（英国人发明了一种下沉式的隐形篱笆，叫作ha-ha，既可以圈住产业里的牛羊，又不至于煞风景）。这如画的原野，是查泰莱夫人和她的情人偷情的所在——纵使很假，对城市人而言这种花园还是太奢侈了，大多数时候，它只能出现在电影工厂的景片上，而大多数中产阶级的花园，不过是他们后院里那被小心地培育起来的几丛牛筋草、一棵树冠硕大的榆树。美国式联排住宅（row house）的“前花园”，也就是那不大的草坪，是道貌岸然而且乏味的，“后花园”却是个晚饭后夕阳下的好去处。野餐会，至少名字听起来是这样，有着袅袅上升的白烟和别处不能代替的野趣。在后花园里那棵老榆树的阴影下，男性们偶然的兴之所至可以得到律法和家政的双重庇护。

后花园中的女性也许依旧穿着飘飘的白色衣裙，但是这无关密斯的诡计。她消逝的地方是一片葱郁的绿色，既不反光，也不透明，但为那没有深度的室内创造了一种无限延展的幻觉。落雨时汇集的水泊，带来了在平展无余的空间里消逝的幻想，它无性孳生着当代生活阴暗面里的子息。

单身汉之宅

曼哈顿是单身汉的天堂，雷姆·库哈斯如此描述他们周末的去处，在纽约下城健身俱乐部的摩天大楼深处，有一个可以俯瞰哈德逊河的牡蛎酒吧，他们：

> 戴着拳击手套吃着牡蛎，裸体，在第n层——

单身汉公寓从来没有像在纽约这样受人欢迎。这样的“家”常常是一幢古老的战前大楼的整层，改建自一座生产汽水瓶的工厂。高高的天花板上依然保留着那些密密麻麻的管线。不管是通风管，还是动力线，都一律涂成了黑色。黑色之间，不规则地分布着无数银色的小灯，像是一把沙子撒在天上。地板则是桦木的直条，没有一条是同样的形状——它们原先大概已经在不同的地方用过一阵，在重新安装的时候，除了修齐了表面，什么都没做。

在这偌大的一间房里，人走过来走过去可以听得见“嗡嗡嗡”的回声，最奇怪的是别的什么都没有，除了一张床，就是一座透明的玻璃的抽水马桶，一座透明的、用圆形的玻璃隔板围起来的淋浴间和一个乳白色椭圆形的浴缸。这里没有任何间隔，也不知道哪儿是卧室，哪儿是起居室。

和一般人的异想天开（fantasy）不同，纽约单身汉们有着斯多噶式的坚忍，他们其实是只影独行，不近女色的。正如库哈斯所说——“对于真正的都会人而言，单身是最理想的状态”。在这个一望无余的空间里只有他们自己，没有窗，也没有内部的走廊和通路。他们唯一的希望和乐趣，就是看着玻璃淋浴间里逐渐弥漫开的水汽，将屋里的一部分事实变得不再那么清晰——那里有着他们最终幻想的来源。

单身汉的新娘是永远不会出现的。

多宝塔

在鸠摩罗什所译的《阿弥陀经》中，“七宝”是七种不同的贵重物品：金、银、琉璃、玻璃、砗磲、赤珠、玛瑙。这些物品的贵重，大概在于它们恒常的品质，以及使得持有人身价迅速增益的事实，比如金子就有着这样的属性：一，色无变；二，体无染；三，转作无碍；四，令人富。如此，它就联系上了佛教所谈的“法身”的四种德行：常、净、我、乐。

设想有这样一种七宝楼台，它是一种最极致的女性的房子。它不是一层一层叠加起来的，而是宛如俄罗斯套娃那样，一个套着一个（我们先不要管这是怎么做到的）。这样，它们就没法像集古格里的芭比那样被逐个收集，但它们又是确定无疑的，不是千面狐狸，而是塔中之塔，每一座都很坚实。它们最神奇的品质，就是可以做到又闪耀又沉静，一座的毫光不会影响另一座暗哑的肤泽。金是辉煌的，银是灿烂的，琉璃是同色而深致的，玻璃是莹净通明的，砗磲是青白间色的，赤珠是火红热烈的，玛瑙（不是通常所说的那一种）是翠绿深碧的……

然而，这些品质无法让一个外在的人同时感受到。毫无疑问，概念上它们一定存在，但没有一种办法从外面描述这种存在。唯一的办法，就是与其同在——准确地说，是“在那儿”，就是“有”，同时也是“当其有”而有用的“无”。女性唯一“在外面”的时候，就是她孕育的阶段。那也是一生忙碌的建筑师唯一安静的时刻，作为一个胚胎，空间在此刻是内在的，它的吐息是缓慢而绵长的，有着远远多于七种的无限的可能。

那大概是一座最美的女性的房子。

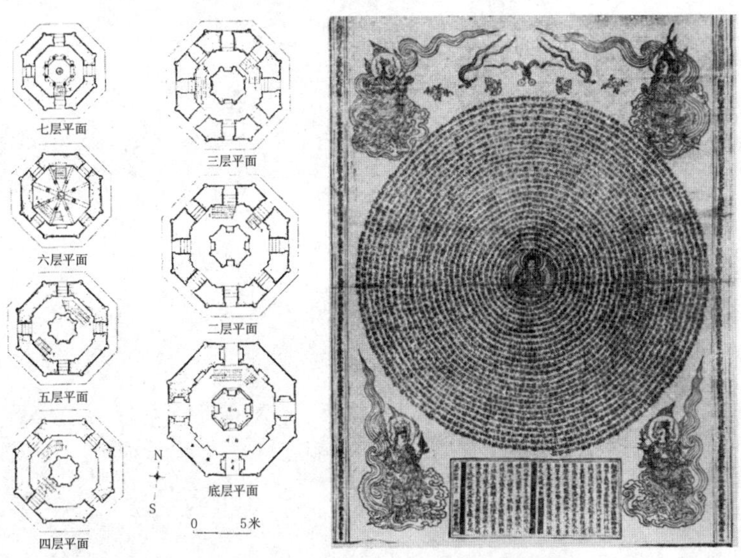

苏州瑞光寺塔出土的“大隋求陀罗尼经咒”，图中心绘释迦牟尼像，四周环以汉字咒文，经文为圆圈形排列共27层，寺塔平面的布局以及经咒法器的排列方式应和着这种同心圆的结构(张步骞:《苏州瑞光寺塔》,《文物》1965第10期;乐进、廖志豪:《苏州市瑞光寺塔发现一批五代、北宋文物》,《文物》1979年第11期)

1960年代

不是梦，但也不是现实

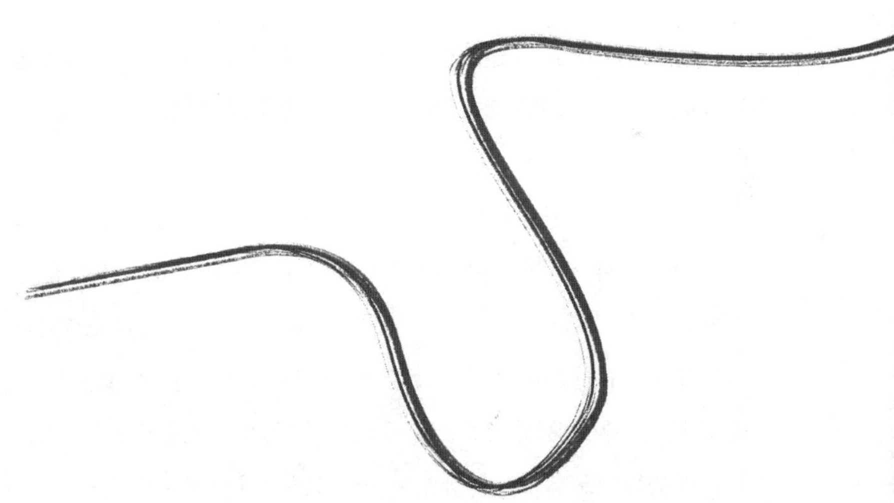

◀ 甬道、镜像、反射（野城摄于2017年） 空间中的甬道、镜像和反射无不传达着设计者的用心。

如果说，大部分建筑的时间都是“过去完成时”，那么从这里开始，就是我们可以想象的生活了。那个时候我们可能还未出生，但是我们的父辈、祖父辈，大多见证过这个年代。这个年代可以称得上是使人怀旧的年代，因为毕竟一切还好好地站在那里，距今70年不到——古人有关一个“甲子”的设定看来是有道理的，这个时间距离，是国人心中敏感的“产权”的法定年限，也是你尚健在的高龄祖父生命经验的极限。70年前，他真实地经历了那个世界，若健在，如今还能向你转述。超过了这个年限，一切就变得缥缈起来，仿佛是一张照片的底片已经丢失。

电影导演大卫·林奇就是这样一个年代的作者。从时间上而言，他是“现代”的，他成名的年代，“现代”早已尘埃落定。但是，作为战后“婴儿潮”那一代（他出生于1946年），他的

“现代”已经和20世纪初的呐喊拉开了距离。

2011年前后的一个春夜，巴黎友人携我去大卫·林奇主理的俱乐部Sliencio。这一夜本是如此的按部就班，巴黎于我，并没有更古老的罗马、雅典那般有吸引力，但是听到这个名字，还是禁不住诱惑欣然前往。不像这里的时尚，让人叹为观止却又觉得意料之中，林奇的电影，总是在你快坐不住、差不多要去厕所时吓你一跳。我希望，这里也能像他的电影一样，打破我对这座城市炫耀性时尚的某种审美疲劳。

果不其然，在夜总会门后几步台阶往下，迎面就看到艺术家德万（Thomax Devaux）的系列摄影作品“消磨”（Attrition），开始在普通中觉察到一丝异样。如果说，类似子弹射穿苹果那样的“高速摄影”反而使你感受到一个凝滞的瞬间，那么“消磨”正是反过来，延时和重叠曝光，本来清晰的时间变得面目不清了。“消磨”后留下的，远不止是某个时刻。镜中人都如褪色扭曲的魅影，一缕若有似无的烟雾自画面中升起，并且打破画框，牵引着来访者的足迹，向深藏在地窖中的空间迤逦而去。

电梯也很普通，但细看又很不一般，上面显示往地下有100多层。明知道这是一个玩笑，当数字快速地闪动起来时，心禁不住还是“往下一沉”。

我问出来迎接的侍者，这是否到了什么地下室。他笑笑，用神秘的语气说，我们是去巴黎的地下城。

——仿佛是为了验证他的话，眼前出现了一截粗大的钢铁桩基。同行者说，这是埃菲尔铁塔在地下深处的部分。

穿过一个狭长的、由金色木方截面组成的入口通道，Sliencio夜总会的内部乍看起来并不是那么新奇。细数它的内容，再努力在脑海中回味林奇的电影，慢慢会感受出这个用“沉默”命名的空间的与众不同——它是一个缩微的、奇谲的世界，有比你想象的多得多的心理层次。除了常见的吧台、酒桌，这世界里还藏着一座艺术装饰风格的小电影院、一个反光的舞厅，衬着《与火同行》（*Twin Peaks*：*Fire Walk with Me*）风格的舞台，像是林奇作品细节的立体寻宝图（scavenger hunt）。自然，所有类似的小世界里都少不了图书馆。尽管藏书不多，但这座20世纪50年代风格的图书馆中，有“从卡夫卡到陀思妥耶夫斯基等林奇珍视的书籍”。

作为建筑写作者，我素来关注各种各样的室内设计，但印象里，还没有哪位设计师做得像身兼导演、设计师和作曲家的大卫·林奇那样干脆彻底。他既建造了舞台又编排了剧情，甚至还加上了背景音乐——酒吧里没有想象里喝得很高的寻欢客，舞池里也几乎空无一人。但是现实在此，被它的主人刻意“调慢”了，就像一部老式时钟，某根指针颤动着，就是摆不过去它应该去的位置。与其说，来访者是加入了一个使人放松的夜间聚会，不如说是被安排了一场立体的真人秀：在人群中，明显混杂着一些不是客人也不是服务员的人。他/她们是不太引人注意的“群众演员”，或立或卧。一开始，你可能会以为这些“演员”是模特架子，或者是逼真的蜡像，因为她们很久才动一下。面对访客的问询，她们要不毫无动静，要不反应迟钝，仿佛“消磨”中的女主人公。她们像是生活在一个与此下平行，而又互不相交的透明时空里。

房间中还另有房间。被招呼进一个烟雾缭绕的“梦境森林”，一刹那，我的脑海里浮现出了种种关于秘密社会的假想画面：颓废的青年抽着大麻，或者更高级的某种毒品，像是被催了眠；在酒精和迷幻物的双重刺激下，男男女女的肉体渐渐纠缠在一起……为这样的想象所震撼，我惶恐了，一瞬间甚至忘了，自己身处的情境根本不可能发生这样的非法事变。可是特色吸烟室里的晦暗场景确实有种巫术般的魔力，烟雾袅袅上升，承受的仿佛不是投影仪里的影像，而是内心被唤醒的鬼魅，又好似汉武帝为李夫人招魂的帷帐……

确实，房间里负责招待的“祭司”就是这么告诉我的：抽根雪茄吧，加入房间里抽烟者的行列，你就会看到古代的亡灵。我谢绝说，本人从不吸烟，只是好奇而来。听我这样敷衍，看不清表情的“祭司”语气冷淡，像是略感失望，又建议我吃些随烟奉送的点心。他说，这些神秘的点心都饱浸了吸烟室的烟雾，具有和雪茄同样的魔力。虽然知道都是些哄人的“鬼话”，我忍不住，最终还是吃了一口，嘴里立刻满是莫名的苦涩。

最终，我放松了。眼前的种种“魅力”，其实都源于自己的想象，不全出自设计。这样的想象之所以有吸引力，是因为可见的屏幕对称着看不太懂的演出，情节和环境融合在一起，是社会潜意识的一部分，时间久了，你不知道哪些是真的发生过的，还是看过的、不知名的电影里的。类似的事情也发生在我在美国的留学生活中，太多无聊的、被消磨的人生片段里，不是绝对的新与旧不需要特殊的布景，恰恰才让你感觉自己是在走入过去的梦境，有种时间错乱的幻觉。相比生活空间，地下俱乐部看上去要更刻意，更让人激动一些，但是一旦走出大门，就感到一种梦醒后的干涩。即使从未饮酒，没有冷风，也好像刚刚离开一个微醺的现场。

——这，和林奇的剧情预设可能差不多。

俱乐部的名字来自林奇有名的《莫赫兰道》（*Mulholland Drive*）里虚拟的一个夜总会桥段，在巴黎蒙马特大街142号，它却让银幕里的梦境变成了现实。即使第二大区是个显赫的地址，这个梦境却被刻意深藏在地下，和大街上富丽的夜色只用6段不算短的楼梯相连。我因为走了看起来有100多层的电梯，从未有机会经历那更使人迷惑的神秘的楼梯间。

俱乐部的活动据说都是大卫·林奇亲自安排的，除了The Kills和Lykke Li这样的乐队的特色表演，还有一些形式很新颖的“即兴演出”。我们看到的“慢女郎”即是其中之一了。不用说，周而复始地，电影院里放映着从比利·怀特的《日落大道》到库布里克的《洛丽塔》等林奇喜欢的影片，图书馆里无始无终地流传着构成林奇想象世界的故事。

你可以把这些归入那些臭大街的酒吧俗套一类，当它们是些随兴助兴的噱头，十年之后，以“情境空间”之名，场景化的建筑室内也席卷了大半个中国，比如贴满各种年代感符记的“袁家村”（西安）和“超级文和友”（长沙）。王家卫的电影中早有

“重庆森林”大厦，吸引了很多信以为真的游客，以“印象”“又见”“只有”为名的实景演出，更是赚足了大伙的眼球。但是为了能够唤起“电影的电影”，需要更多的克制，又有更多的坚忍。一个更完整和丰富的林奇的世界，是在已经成功的故事的基础上，做减法，同时又导向一种更残酷的真实——他本人说：“从我的影片中，甚至是从我的音乐中，我忽悠出了某些气氛和角色。”

对于他的电影，林奇说，它们是“有关困惑、黑暗的。你可以说它是真实的，也可以说它是虚无的。它不是一个梦，但也不是现实”。走进Sliencio的人也许有两种，一种熟知林奇，他们期待着从现实一脚踏入梦境；还有一种像我，先前不明就里，但被德万的作品所引导，不知不觉中就在那一缕烟雾的引导下进入了角色——我也“信以为真”了。

我这样并非夜店常客的人，也许才是林奇最满意的访客；因为拘谨，我反而一眼看出了这里经营的不同寻常：我绝不会在暧昧的灯光下失态，但深知这种欲言又止的戏剧后的意图，它仿佛把我拉到曾经存在过的70年前的种种，它们，已经在时代的照耀下有些褪色，却没有被彻底忘却。这是个要了命的一去不回的心理陷阱，半真半假。

这位沉浸于梦中梦的导演是空间的主人，但并不常到场Sliencio亲自“表演”。他说，他在这里会“觉得自己简直可以长生不死了”。这里的电影没有散场这回事。

不寻常的空间，Sliencio的灵感来自电影，在这里进入剧情的人们不允许拍照。

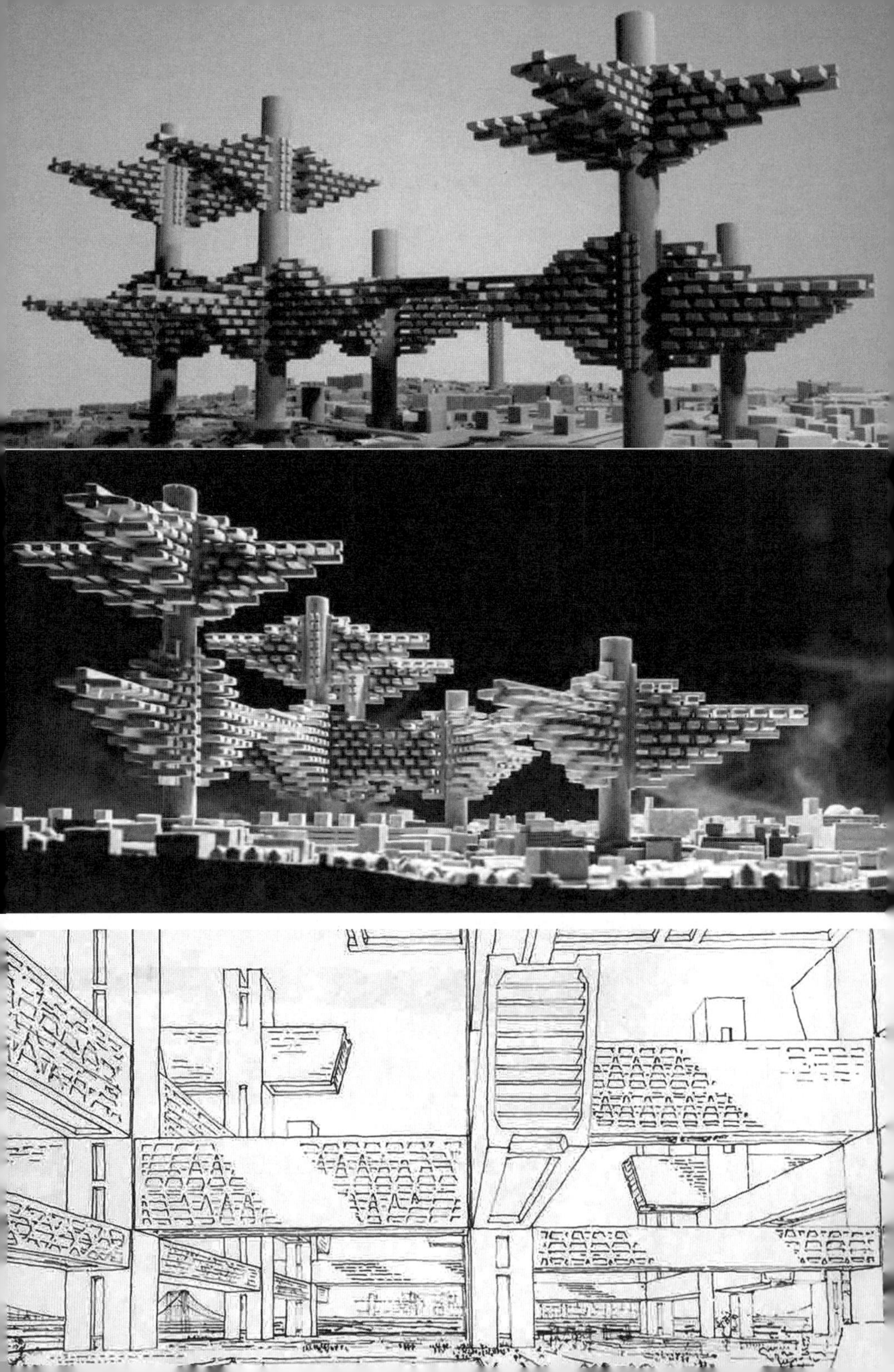

1970年代

『新陈代谢』：日本的和世界的

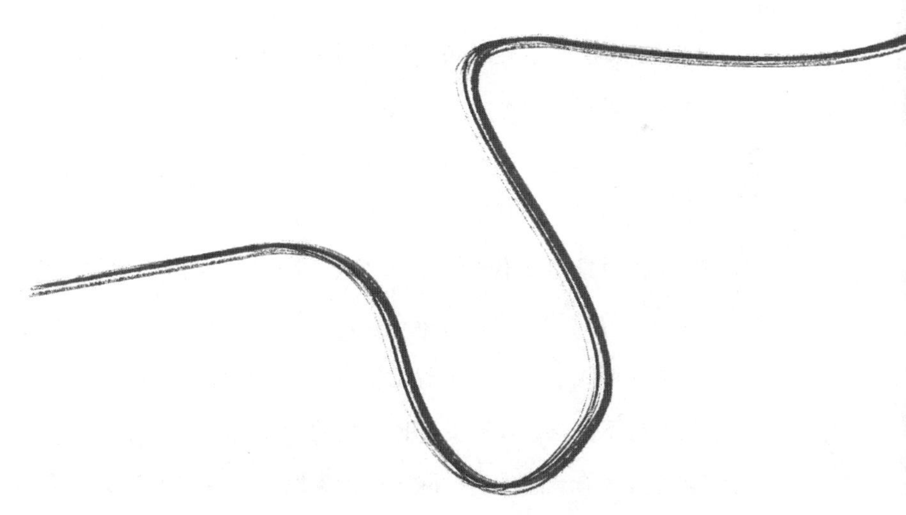

◀ “天空之城”（作者资料） 矶崎新的“天空之城”：新陈代谢学派的著名狂想。

“新陈代谢”：现在看来是句废话——难道还真的有什么“永恒的建筑”吗？

值得注意的是，以此命名的这一学派，不再像以往的很多建筑流派那样有着鲜明的视觉“风格”了。“以往”——仅仅是“以往”这种具有年代标签的限定，就足以区分设计的思想。1960年，世界设计大会在日本召开，参加组织这次大会的日本建筑师，共同形成了一个理论观点相当一致的群体，这些人除了年岁较长的丹下健三，还有受到他影响的少壮建筑师黑川纪章、菊竹清训等人。有意思的是，除了在世界设计大会上他们发表了一篇共同宣言之外，你若是只看他们的创作，形象上并没有太多明确的共识，“风格”更无分长幼。

从“建成”的角度而言，“新陈代谢”学派的作品也少得可怜。最为知名的，大概是黑川纪章的那座号称可以随着项目进展不断添加住宅单元的塔楼，几经周折之后，终于在新冠肺炎疫情大爆发之中被拆除。代谢达成，“求仁得仁”。这个项目的成功很大程度归功于它的业主，一家专事金属加工的企业Taraka公司的宽容。圆柱核心筒上错落悬挑着的一个个金属“太空舱”，就是这座建筑的特色所在。据说用小型起重机就可以“安居”和“搬家”。虽然事后证明“即插即用”并不像建筑师想象的那般容易，但理论上它确实改写了一般建筑的定义：那就是设计并不存在一个“最终”状态，而是可以随着时间，像有机体那样不断生长。

从世界范围而言，“新陈代谢”学派并不是当时唯一一个提出类似想法的建筑团体，加拿大的年轻犹太建筑师摩西·萨福迪，就在1967年的蒙特利尔世界博览会上成功地建起了一座堪称时代杰作的“有机建筑”。这座叫作“Habitat 67”的住宅群落含有354个一模一样的预制混凝土单元，也是错落地堆叠成一个没有预设形体的样子，高达12层左右。同“新陈代谢”学人的思想类似，Habitat的空间构成遵循着自由组合的原则，因此理论上，它可以用标准化的模块容纳多种不同的住宅类型——其中单元套房的面积和布局是不尽一致的。

无论如何，有一点让日本人的思想独立于世界建筑之林，那就是“新陈代谢”提出时的都市语境。虽然20世纪以来，欧美和亚太的城市普遍到达了历史上前所未见的密度，不同文化和社会所界定的都市生活“阈值”却大有出入——究竟什么样的变革，才使得丹下健三等人发出如此的紧急呼吁？——“在向现实的挑战中，我们必须准备为一个正在来临的时代而斗争……”同是为人类未来日趋拥堵的都市而设计，北美的“自然生长”，依然有着一分“花园城市”的从容，而Habitat 67的阳台面积就高达数百到一千平方英尺（20.9—93平方米），如魁北克水滨的郊区住区式的这种“有机”是第二次世界大战后的日本人所不能想象的奢侈，Habitat 67价格高昂，也使得它真正的推广自此止步。

在东京森美术馆的“新陈代谢”新展，以丹下健三令人叹为观止的广岛和平中心开篇，钢筋混凝土支柱支撑着巨大跨度的悬臂钢桁架，构成了广漠荒野背景上雄浑的纪念空间，像一只巨臂把它手掌下的土地笼罩。虽然这个时期的丹下尚未像10年后那群年轻人那样尽情展望未来，但是在荒凉的城市废墟上的这座建筑物，已经揭示出一种绵密、中性和无尽延展的形态特征，和先前大多数刻意强调“物体”造型的现代主义建筑大有不同——能在日本的城市中造出如此焕然一新的建筑，丹下是有心理的前提的：1945年8月6日，在该市上空投下的原子弹“小男孩”把广岛几乎夷为平地。原子弹爆炸后数小时拍下的照片显示，几乎所有传统式样的建筑都灰飞烟灭了，连灰烬剩下的似乎都不多，市中心的都市网格因此清楚地暴露了出来，就像一个规划模型的基底一样；然而采用西方建筑技术建造的房屋还有几幢，勉强保持着它们的形状，在广大的瓦砾堆中孑然独立。对战后日本的都市学，也对“新陈代谢”而言，这张照片真是富有寓意。它显示了从此刻起日本城市和建筑的命运：这片原子弹爆炸留下的白地是空无的，却不全然是荒芜，城市不再像过去的几个世纪里那样在阴影中缓慢地堆积冗生，而是借重西方工具理性迅速整体地发展壮大起来。与此同时，因为日本文化自身所沉积的“基底”的局限，这种整体性又会带有这个东方岛国的鲜明烙印。它不仅仅是种起程奔向未来的闪亮乌托邦，还是要让瞬间失去所依的千百万人重新回到熟悉的生活。强调个别和整体的统一，而不是背离。

第二次世界大战后的日本人对于“有机都市”发生兴趣，最早大概不是因为卓然的美学，而是出自以上的实际需要。因此，当康拉德·沃什曼（Konrad Wachsmann）这样推广预制工业建筑部件的西方建筑家到访日本时，他自然引起了包括“新陈代谢”学派参与者桢文彦、大高正人这些人的注意。类似北美的Habitat产生的语境，沃什曼的思想虽则先进，他本来的用意，却是为了安顿传统的西方生活。他那可以在一天工夫利用预制构件造好的乡村小屋，对日本人而言依然过于奢侈了——日本人是要在一片“稠密的空地”上同时盖起千百倍数量而又极臻细密的城市空间。因此，他们借用了富有效率的西方工具，但是取消了这些工具服务于个性的特征，在其中塞入了把禅和系统论结合在一起的日本式的整体思想。

桢文彦和大高正人等人因此写下了《走向集体形式》一文。在此文中，他们辨明了“整体性”不是要产生饶无生趣的“整一性”。这，恰恰是西方城市目前遭遇的问题：因为城市的设计掌握在少数因循守旧教条主义的建筑师手中，城市变得越来越雷同、乏味和缺乏活力了；这样的城市同时也缺乏足够的灵活性，无法调整自己，以适应变化越来越快的当代生活。

战后新一代日本建筑师的代表如桢文彦，在哈佛大学跟随格罗皮乌斯（Walter Gropius）学习了全套现代主义理论，却并没有沉溺于他所熟稔的西方教条，而是拿东方民族油然信奉的“整体性”修正了现代主义的自大症。他们相信，单单凭人类历史上的那些金字塔、万神殿、哥特式大教堂等，已经不能解决当代建筑师所面对的复杂问题了。所以，他们这样一些东方留学生从西方回归后，首先是在本国的传统都市形态，而不是异文化具有纪念性的类型学里找到了变革建筑学的灵感。他们了解了日本城市的有机演进后，看到“整体”并不是“个体”的简单相加，相反，新的公式将是总体性大于各成分的总和。一个成熟的系统不会受到简单个体变化的影响，“即使某些个别的成分被剔除或是掺杂，总体的形象也不会被改变”。

尽管黑川纪章做出了那么一座富于未来色彩的“新陈代谢建筑”代表作，但这个学派的思想不仅仅囿于一座单体建筑的新奇面目。我们甚至可以说，类似黑川纪章那样的建筑误导了人们对于“总体性”的认知。仅仅把几个金属盒子搬来搬去的把戏，无法透彻说明整体和个体的复杂关系——事实上，赞助这座即使现在看来也算很新潮的建筑的金属公司，并没有起劲地让这座建筑不停“生长”。对他们而言，这座象征性使用的建筑更多只是一个广告罢了。再说，单体建筑毕竟是有限资金和功能的集合，在它的尺度和生命里很难来回折腾，也无法和真正生命体的活跃“生长”相提并论。但如果我们把“生长”投射到整个城市的规模，这个比喻就变得更加清晰了——一座城市是无法彻底“设计”而只能长时“演变”的。桢文彦等同时清晰地说明了建筑的“生长”和不同城市观的关系：

> 首先，（传统的）总体规划只有完成了才为人所理解；其次，等到规划完成了，从社会的角度而言它可能已经不合时宜了；最后，最糟的是，这个规划从来就不曾落实过……

这里说得很清楚，建筑的“新陈代谢”是基于一种新的城市—建筑关系上的，而不是某种改头换面的物理类型学。传统的总体规划是一种静态的、图画式的判断，而“新陈代谢”学派所憧憬的“总体的建筑”，永远是从营造的全体规模上来动态地判断单个构造的成败的。

说到这里，人们就很容易透过它新奇的外表，看清“新陈代谢”和当时一些已经兴起或即将兴起的建筑学说之间的表里关系，像宣称“互相提携才能突出和理解个性”的欧洲建筑团体Team 10（Team X），像认为“一座建筑就是一座城市”的意大利建筑师阿尔多·罗西——人们甚至也会想起宗教气息浓郁的路易斯·康——这些建筑师彼此之间的勾连声息不完全是一种偶然，只是日本人在此迸发出了他们独一无二的美学的火花：在战争余烬的白地上，在似乎日本人特有的对于建筑学物性的悖论式理解里，“新陈代谢”的狂想幻化成了各种令人眼花缭乱的奇葩。

是的，类似Archgram那样的欧洲建筑小组也描绘出了未来世界一般的明日城市图景，但是似乎只有丹下健三一类的日本人，才把这样不着边际的“项目”当回事——类似丹下健三的东京湾规划那样的宏大“项目”在当时不是一个，而是一批。也许，刚刚经历了美国将军李梅的汽油弹轰炸的日本人，比世界上其他人对城市的生死有着更深刻的体会？朝露去来，秋叶凋零，这其实也是自平安时代以来日本文化固有的传统：以相对素朴的形式发展出丰富的时间和类别的变化——一方面，日本建筑师以对构造细节具有惊人的敏感著称，另一方面，他们有时对物质性的绝弃又是出人意料的：“新陈代谢”学派正确地预见了城市“生长”的本质不仅在于物理形式的变迁，还在于信息和生气的传递，他们对于今天时代的前见实在是不得不令人佩服——事实上，他们走得比我们想象得还要远。

按说，这也就是先驱一辈的现代主义建筑师所乐见的事情了。勒·柯布西耶，一个倔强虚妄，却又九死不悔的瑞士人，他暮年规划但最终没有建成的威尼斯医院，位于这座城市的北缘、现在以威尼斯双年展闻名的军火库（Arsenal）地区。这个项目同样标定了细节和整体的有机关系，它的重要性并不在于局部的形态学，相反，大多数的单体建筑是近似和雷同的，远看完全就显示不出任何“风格”的痕迹。这些眼花缭乱般重复着的细胞所重构的，是城市道路和运河系统，出现了灵活组合的内向庭院，是西方现代主义都市发展中的异数。

如此的项目在日本“新陈代谢”一代的城市中却非常常见，它们的尺度介于建筑和城市之间，既提示了单体结构又铺陈了基础设施，正是埃利森·史密森（Alison Smithson）加以阐发的

“垫式”建筑（mat building）。类似丹下健三的广岛和平中心那样的建筑，是新时代的桂离宫，对于一一相属、永无止境地延续下去的古怪的巨型大块，“风格”是并不重要的，它提示了日本城市中比“形象”更本质的因素，那就是——变化。

虽然是异军突起的东方建筑思想，黑川纪章和“新陈代谢”的现实建筑命运并不算好。究其原因，也许是东方的城市生活本来已如此纷繁和混乱了，真正的生长所导致的混乱，过量而在“现代性”的强光下毕露无遗的混乱，究竟如何才能在建筑师的手中得到控制？这可能才是眼下人们所要重点思考的问题。

黑川纪章未竟的“无尽居住单元”的理想，最终，竟是让一种名为“胶囊旅馆”的有趣建筑认真地实现了。在寸金寸土的日本大都市，这种收费低廉的青年旅馆现在非常时髦，它可以用标准化、可替换的袖珍配置，把最基本的生存功能打包在一个个小得可怜的“胶囊”里。（想想Habitat，拥有宽大起居室的居民们该是如何的庆幸！）当疲惫的旅游者们奔波了一天，把自己塞到这些“胶囊”中去的时候，他们很可能不会思索我们上面提到的那些问题。

——毕竟，我们这里并不真的缺乏“变化”。

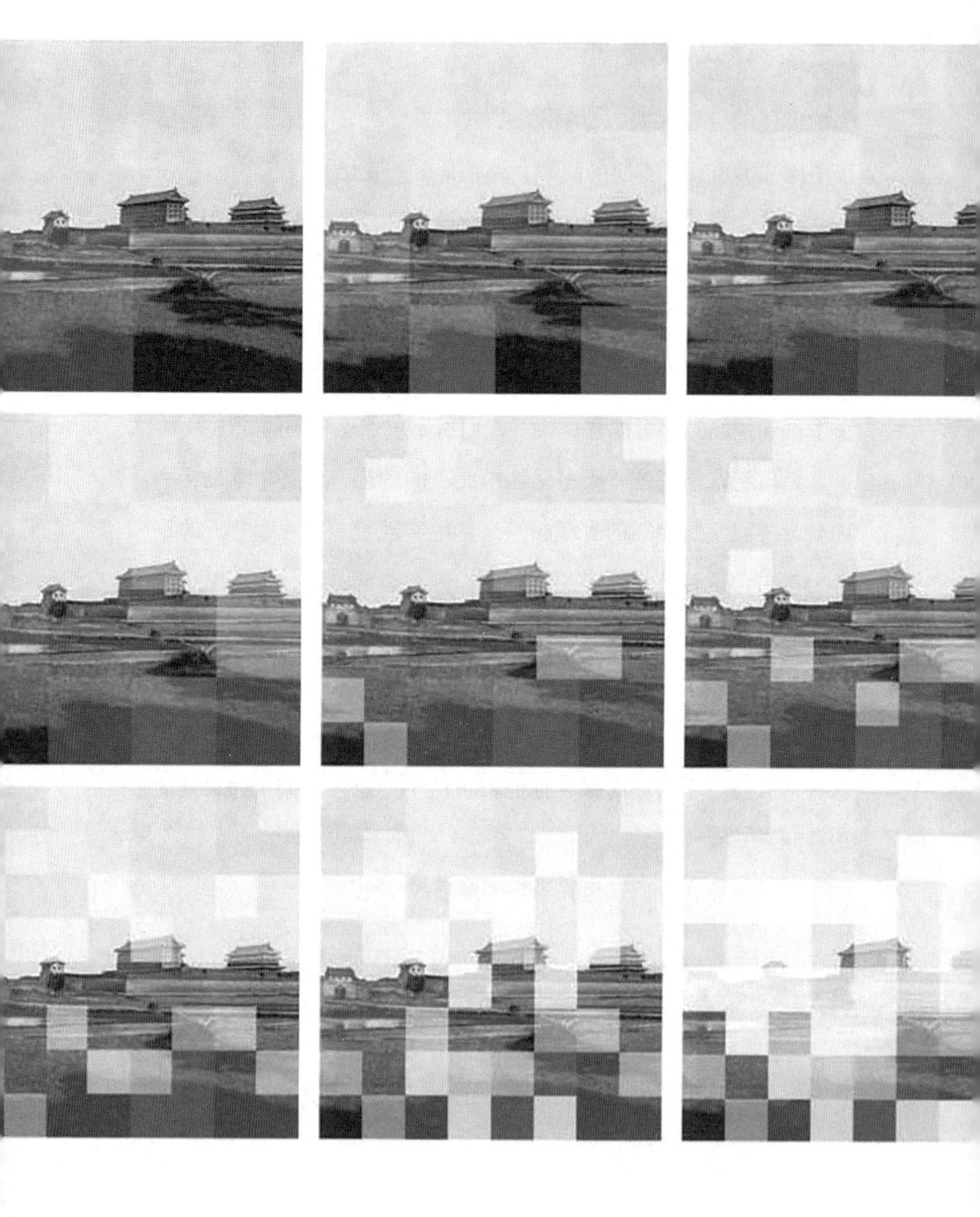

2011年 渐变的歧路

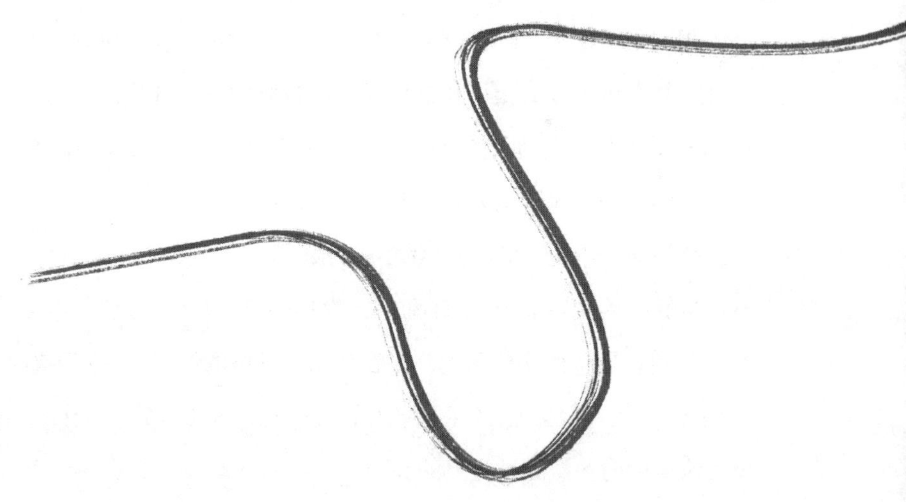

◀ 碎解、聚合(唐克扬工作室制于2011年)　一个图像可以碎解为一张地图,一张地图也可以重新聚合回一个形象。

现实很“楞”，比设计要“楞”。不好的建筑不好的地方大抵如此，在图纸上或者摄影作品里看上去飘飘欲仙，可是，它真实的肉身却无可奈何地坠落了。有些，却像闹市里当众表演的魔术，能够不经意地转化为一种不可思议的梦境。

路易斯·康说：“砖说，我要成为拱。”

罗宾·埃文斯会说，“砖和拱，你只能成为其中一个”。你要么感受到它是一种抽象形式，要么就困于其中的细节——其中有一块碎裂了，真煞风景！（他原来的表达是，你被一位美人打动就不大会同时注意到她脸上的痣。）

与恒常的物质特性相对的，是“渐变”。与人们通常的认定相悖，我们不必要在砖和拱之间做出非此即彼的选择。很多我们觉得坚不可摧的物性，其实都是一刻不停地处于“渐变”之中的。“渐变”既是世界归宿的一种隐喻（不知不觉就老了！），也是事实发生的情境（你说不大出，什么时候突然感受到了建筑的美，砖的细节，好像是和脑海中涌现出的“拱”的意义交相叠映的，宛如电影场景间淡入淡出那样）。

妙哉渐变。

这个时刻，只能是属于“我”的时间，不是转述或者追忆。设计师要花费很长的时间，才能准备起建筑感受所需要的物理建构，之所以我们平日察觉不到物性转化为感受的过程，是因为“感受”转瞬即逝。本体感觉和躯体运动神经元的传导速度是70—120米/秒，比高铁还快。

在空间的框架下谈论“渐变”，很容易使人联想起一种“现象学的建筑”。这种建筑的要旨就是，即便是一座很小的建筑其实也很少能整个儿地被把握。别看城市有时努力秩序井然，对“人”来说，空间其实是一系列支离片断的效用总和。因此，建筑既是物理堆砌也是精神活动。建筑的“现象学”对此进行演绎，说传统建筑所追求的实体性其实是一种歧途，因为所有的建筑都是在变化中的，而所有变化又都只能是一种“渐变”。

尽管如此，达到渐变，也就是空间认知的途径，却又是物理的和有限的。人们对于外部世界的感受取决于两个显然的因素：角度和深度，前者关乎“看见”，后者则涉及“看到了什么”。首先，特定的事物只有从特定的角度才是可见的；与此同时，空间的深度不能改变它的形象，却决定了人们和它关系的远近。以上揭示了“渐变”的建筑的内部纠结，也就是被总体把握的世界和“经选择”的世界间貌似非此即彼的关系。乍看起来，“永恒的建筑”和“现象学的建筑”是彼此矛盾的——但其实它们必须、也必然同时存在。

如何解释这种现象呢？

2011年，我在北京双井的乐成中心设计了一座建筑装置。它的核心构思基于一个逐渐展开的玻璃幕墙“屏风”，每一片的透明度几乎都不一样（当然，就大规模生产的建筑构造的效率而言，这种做法是不可取的）。这个装置被设计成以上有关“渐变”议论的图解：圆形的结构一方面加强了自身的稳定性，一方面使得人们在任一瞬间都只能看见装置的某一个片段——彼此不同的片段——这是关于“角度”；就“深度”而言，在移动中，参观者会发现他们和玻璃幕墙另一侧的景物或人物的关系是越来越接近了——其实，这是一种由于玻璃透明度变化带来的错觉。

这里有着两种意义上的“渐变”：首先，是观看角度的不断变化；其次，是由磨砂玻璃属性所揭示的观看深度的变化。后者本是装置趣味性的来源，但如果取消“角度”的因素，仅仅在一条直线路径上展开磨砂玻璃变化的序列，那么随着观看之物的变化，你只能看到一个字面意义的玻璃本身透明度的渐变，这并不是我所感兴趣的。关键的地方恰恰在于，当你离这个装置足够近的时候，你应该只能看到片段范围内透明度相似的玻璃后面的同样景物。从它们本身看不出什么变化，因此你对于“深度”的感受，只能是随着“角度”的变化逐渐展开的。倒过来也是一样，玻璃后面同样景物的不同侧面，是伴随着前序观看的清晰度（深度）的变化展开的。如此这般，只有在运动中才能发生的认知，构成了我心目中真正的“渐变”。

装置的平面是正圆形的，但实际感受的心理尺度却和单纯的物理构成不尽相同。两个变量——角度和深度——叠加在一起，形成一个斐波纳奇螺旋线般的感受路径。换而言之，当人们注目他们所“看到的”（同一事物的动态感受）而不是“看见的”（不同的静态图像）的时刻，装置的几何平面就会发生变形；如果我们可以让观众忘掉玻璃本身的存在，那么我们就可以认为玻璃的物质性被取消了，也正是在这个意义上，强有力的空间感知才能发生。这时候，玻璃从冰冷的建筑材料真正变成了一种“媒介”，有点像密斯所说的使人感觉“恍如无物”。

装置的主要意义，是使得我们意识到空间的感受基于相对的物性观念之上。推而广之，整个空间感知的路径也正是建立在这种相对关系上。比如，正是由于没有绝对的“透明”，渐变才会发生，或者说，人们对于外在世界的体验和醒觉才会发生。

上述的讨论似乎对任何文化和历史时期都适用。在近代的建筑理论中，“透明性”曾经更是一个经典话题。然而讨论一下这个装置在中国当代文化的情境中或许更有趣——对于当代中国人而言，玻璃这种材质已经不稀奇了，制作装置的玻璃来自一家生产超白玻璃的企业——金晶玻璃，他们为包括“迪拜之塔”和纽约新世贸中心在内的几座著名地标建筑供应货源。虽然目前中国的玻璃企业已经是世界第一，但是在不久之前的清代，玻璃这种东西对中国人而言还是稀缺物。雍正元年，紫禁城造办处为皇帝寝宫安装“明瓦”，还抵不上当时传教士汤若望在北京营建的南堂所用玻璃的零头。对于一个长久匮乏“透明性的”文化（传统中国城市的代表特征是“墙”）而言，“渐变”的观念将会是更耐人寻味的。

西方人掌握制造玻璃的技术已经很久。人们比较熟悉的东罗马帝国的玻璃器，已知在南北朝时期就已经大量地输入中国了，但是长期以来中国人分辨不清结晶态的矿物质水晶（水精）和本质上是液态的玻璃的区别，这两种材质在中国的工艺文化中的用途都不是十分广泛。建筑更是极少采用玻璃，“窗户纸”直到改革开放之前在民居中还很常见。

中国人的物质文化中代之出现的是“玉”。玉产生于石，值得注意的是这种来源本身就意味着“包藏”的情境。玉被称为“石之美者”“石之坚者”，它并不是特出的独立的物质，而是天然隐藏在石质的“璞”中的。因此，玉的“半透明”不仅仅是视觉现象，也是一种象征谱系所赋予的心理品质；玉“半透明”的透明性是有限的，完全无法和玻璃相比，但是这种难以分辨的透明度，却揭示出另一种揭露“内在”的模式。值得注意的是，中国艺术中的“半透明”一直都不能带来太多的幻觉性的深度，具有代表性的类似器物远有瓷器，近有“内画”着彩的鼻烟壶，薄薄的釉色，或者说实体之物上的那一抹“高光”的确还是某种幻觉性的机制，但是它并不能使得人们的眼睛到达“后面”——

"所见"和"所感"沿着两个不同的方向展开，时而有所龃龉，观看和心理想象的路径彼此错歧，这和我的装置的机制是一样的，但是它"憋屈"的程度远远超过。

正如巫鸿先生所言，总的来说，没有哪个古代文明像中国那样致力于"隐藏图像和器物"了，因此墓葬艺术可以在过去的中国成为一类代表性的视觉文化。它通过"埋藏""内化"创造出了一类"幽冥"的空间，也间接地传达出今天已经不复存在的中国古代城市生活的要义。与表面上的深入和显在的运动相比，恰恰是这类不甚可见也莫知去从的"幽冥"空间强烈地揭示出了"渐变"的另一种可能：心理运动，远胜于物理的变化。

在河北宣化发现的张文藻墓便包含着一类这样的空间。乍一看来，它像是表现了一个微缩的建筑模型，因为砖雕模拟的建筑细节是现实主义的，看上去近乎"内廊"的样子，包括梁庄艾伦（Ellen Johnston Laing）在内的一些学者认为，它是一个"象征性的庭院"；而李清泉则发现，墓室的壁画和陈设并不完全支持以上的解释，盯着这些东西而无视建筑，"观众"会觉得自己身处室内，这样心理感受的"内"和建筑逻辑的"外"恰好倒了过来。为了缓解这种令人困惑的矛盾，也许需要暂时忘掉那种我们所习惯的"统一"的空间模式。通常，在统一的空间模式中所见和所感是彼此补益不会打架的，就好像文艺复兴绘画中我们常见到的，观看"角度"和"深度"合拍的例子，幻觉性的空间图像总是顺延着物理建造。

结论是，为了在"里面"和"外面"之间互相转换，在类似的视觉表现中，也许并不只存在某种单一的空间认知，也即透视幻觉所期待的感知模式。借用巫鸿先生对于汉代墓葬的描述，这其间可能存在着一种实体的空间（宇宙模式的图解），也可能仅仅是关系性的空间表达（以简单的图像逻辑表达“地上”“地下”或者“此世”“彼世”），另一种则是通过象征心理学的变化在两种空间模式间的切换（从物理的俗世向精神的仙界的“转化”）。

虽然无法完全等同，但当代建筑空间的一般认知也可以是类似的多种路径，彼此交歧，“渐变”可以理解成不同的属性：在一个完全实体的、自足的空间（例如柏拉图的“理念的”世界）里，“渐变”仅仅是颜色等“固有”属性的递增或递减——事实上我们知道这种情形是不可能独立存在的，但是对于“渐变”来源的误解却一直存在着，以至于我们把变化等同于滤镜自身；而在关系的空间中，“光源”是很重要的，“渐变”来自背后的东西在不同空间的界面处产生了“投影”；有时人们意识到“投影”和它的源头的关系，却不能准确地判断另外一侧是什么，如果我们进一步考虑“转化”的空间，渐变就增加了更进一层的含义，这里存在着我称之为“现象学的雾霭”的东西，因为既有角度也有深度的变化，如设计得当，装置里的事物在观赏时便不存在静态的、一致的形状，人们走过我的装置时就会感到一切看起来像是神话般的出现和消失。

系统地——同时又不可避免是泛泛地——讨论一种空间感受的来源是危险的。但是，在末尾，我们又必须对当下的中国情境作出某种交代。为什么要拐了这么多弯子（歧路），讨论这种似乎是显然的认知的问题呢？难道，我们就不能直接看到我们意欲看到的一切吗？

虽然你还可以看到以传统营造作号召的现代设计，但往昔含蓄的那种建筑物性的文化已经大大不同了。在本土化了的现代主义运动中，一切变得如此直率，可以论斤论两的建筑材料已经失去了可能具有的魔力——但是材料只是如同它们看到的那般真实吗？科学家发现，空间认知正是将复杂的事物转化为简单的图形，人对世界的醒觉由此开始。只不过这种图形并不是静态的点、线、面，相反，一个人能够感觉到“点”的存在，是因为这个点在移动中变成了“线”。换而言之，只有在转化中，空间知觉才有可能。这一点已经为1981年诺贝尔生理学或医学奖获得者胡贝尔（David H. Hubel）和威塞尔（Tortsen N. Wiesel）著名的实验所证实。

从古典到现代本身缺乏必要的“渐变”：一方面，出于安全原因，“坦然”地在地面层使用不加防盗网的落地玻璃的商用、民用建筑还是极少的；另一方面，滥用的玻璃表皮已经极大地削弱了旧日中国社会里被柯林·罗称为“现象的透明性”的那种东西。即使民风依旧保守，内衣模特在沿街面的玻璃橱窗中出浴的情景并不罕见，但一个“君门深九重”的文化是如何过渡到这样一种情形的？这是一种更大也更粗暴的变化情境，不一定是“渐变”。

还是套用《黄泉下的美术》中的解释模式：在汉代早期，从椁墓到室墓的转变是中国人丧葬礼仪中出现的一件大事，那么为何会出现这样决然的变化？巫鸿认为这和东周晚期到汉代的四个关键变化有关：第一，祖先崇拜的仪式不同了；第二，魂魄的新观念；第三，对死后世界的想象让新的幽冥空间变得必要；第四，地下神祇系统成形，让这空间从此不缺“主人”。

不用纠缠艺术史的背景，将以上变化“转译”成我们更容易理解的普适性的逻辑，就可以推演出当代人认知建筑空间的态度之转换。从材料到现象，我们会发现以下这四个方面的转化。它们凑在一起，经由“总体的建筑学”，才能建构起我们所感兴趣的那种“现象学的建筑”：其一，是新的社会礼仪的需要，是关于“此世”的变化的；其二，是身体知觉的重构和再发现，是关于“此身”的；其三，对“彼岸”或说另一种生活方式的想象（而不是实现）构成了现实转变的另一个因素；其四，是一种系统的、更高级的消费，或者说一种非常积极的文化想象，它到达的是“彼世”，或者《指环王》的作者托尔金所说的，一个“第二世界”。

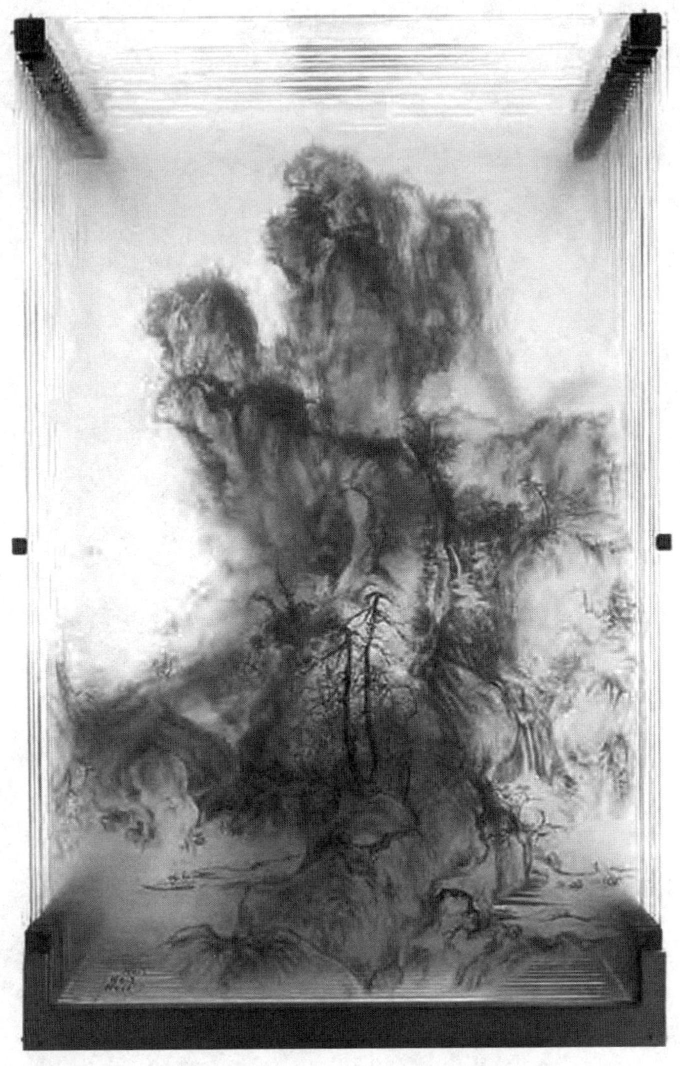

夏小万的3D装置把古典绘画中的“渐变”翻译成空间视效上的广延（作者资料）

2017年

真实的虚假和虚假的真实

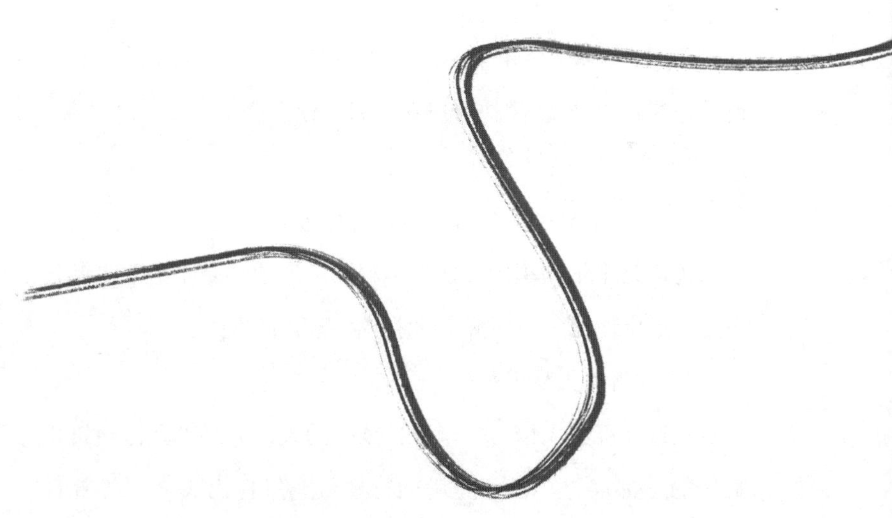

◀ 真与假（作者摄于2012年） 河北某县公共广场夜晚。

那一年，我和一位建筑师朋友开车驶过苏州的金鸡湖畔，他诡异地拖长声调说："快看快看！那是什么？"

"玲珑岛？"

"不是，另外一边！看那边，看那边……"

仿佛是生怕同车的外地人不解其意，他会夸张地双手撒开方向盘，形象地比一个穿裤子的手势，怪笑着说：

"大秋裤，大秋裤……"

我这才恍然大悟。一车昏昏欲睡的人，大多都是做建筑相关工作的，都摇下车窗，充满期待地从车里探出头来，等着看笑话。惨遭这种比喻的地标建筑可能不是一幢两幢，这是一个设计师的噩梦：不管他多么出名、有钱，不爱听这样的话，但是，又不得不面对普通观众最直白的"误会"。

大多数建筑，后果都很“实在”，不像大尺度的园林风景(颗粒度大，相对允许“粗糙”)，小尺度的室内软装（变动性大)，一旦发生了偏离初始意图的“误会”，就无法掩饰。你在成形的墙面上看到了材质的裂痕，这在电脑屏幕上本不该出现，就已经是很大的事故，何况这种明晃晃的“笑话”。

其实，它们的设计者绝不是智障者，简单地把这样的建筑笑话归咎于设计师个人专业能力的低下并不公平。先不说“秋裤”的用途相当实际——它实质是一个城市商业中心——就是那些“空降”中国的国外建筑师，也都是哈佛大学、普林斯顿大学、耶鲁大学等的高才生。尽管他们在中国从事建筑实验的动机值得具体分析，但出发点也不会是开玩笑，但最终得到这么一堆诨名，也稍微“杯具”了些。同样“杯具”的，还有CCTV的新办公大楼“大裤衩”，还有被比喻成“水蒸蛋”的国家大剧院……

相形之下，这些仅仅是有个绰号的建筑物，还算是徘徊在“奇葩”建筑的边缘——毕竟以上大楼大部分的设计概念，还是让建筑的归建筑，只是最终外形产生了一堆联想，毕竟，CCTV只是扭了个麻花，而大剧院还是个纯净的几何形……相形之下，被网友拿来深度吐槽的某些“奇葩”建筑，才是有点在挑战人们对建筑的一般概念，因为出发点就已经歪了。比如，把摩天大楼造成外圆内方形状的沈阳“铜钱大厦”，“双手合十”的新法门寺(出自台湾建筑师李祖原先生之手，有名的台北“101”的设计者)，以及像一架钢琴的“钢琴楼”……他们的初衷，就是要做出“不像（人们一般认为的）建筑的建筑”。

整个就是福禄寿三星造型的天子大酒店，位于北京东郊，是公认的“奇葩”建筑的极致。从外表，人们完全看不出它是一幢高层建筑。一个住客身在其中，就仿佛是从一座巨大的迪斯尼乐园雕塑里探出头来……

在当代中国的情境里，你也可以说，我们确实生活在一个被“奇葩”建筑包围的世界里。

虚假建筑的起源

公允地想一想，这些被叫作“奇葩”的建筑其实是通俗媒体的宠儿。嘲笑归嘲笑，如果去除了某些项目中隐含的社会公平、决策透明的议题，当把它们纯粹作为一个谈论的对象时，普通人未必那么讨厌“奇葩”（相反，没了它们，人们就少了很多“欢乐吐槽”的对象）。与“奇葩”建筑势不两立的，往往是铁杆“设计范儿”、学院出身的建筑师和一些有着建筑阅历的文化人。

建筑师和文化人讨厌这些“奇葩”建筑，往往有着一般人所不太在意也不太了解的一些原因。你如果深究，会发现很难说这些原因是中国的，是外国的，是古代的，还是现代的。甚至，我们不大能提出，这些原因究竟是源自身边老百姓的朴素需求，是个体的，还是经过媒体放大发酵的广义上的“大众舆论”。毕竟，这已经是一个非常不同的时代。我们不太好说这个时刻的建筑到底属于哪一个历史时刻，看到它们，古往今来的信息和意义，形象和图式，逻辑和道理，都在脑海中一刻不停地搅拌，直至翻滚成了一锅粥。

比如，有一个很“专业”的说法叫作“坦诚的结构”。它所隐含的意义要分两步来解说，首先，它是理解建筑的一种常见的方式。建筑是分表皮和结构两部分的，“外面”的可以算作是形象、形式、感受，而里面的则是意义、内容、逻辑。这种二元论，也可以翻译成你感受到的和你理解的东西的对立，脱口而出的和深思熟虑的差别，作为普通人的意见和假设自己作壁上观的结果。

其次，理解这种两分的建筑观以后，我们就有了某种评论建筑的依据和法则，比如“形式追随功能”。第一，建筑的形象、形式、感受一定是由意义、内容、逻辑决定的，而且两者理当大体一致；第二，对于建筑而言，结构的“坦诚”意味着它的意义、内容、逻辑本身就已经构成了形象、形式和感受，没有必要再画蛇添足，不需要额外的“翻译”。这是且尤其是启蒙时代以来的建筑师们逐渐发展并趋于成熟的信念，他们反对的是旧时代里成本高昂的建筑形象，那种形象只有皇宫和教堂可以负担得起。

举例而言，在20世纪初芝加哥和纽约的建筑师（实际上，他们很多首先是与数字和力学打交道的结构工程师，“美”对于他们只是第二位的事情），发展出了一种新的高层建筑装配方式，使得标准化的建筑门窗的位置和尺寸严格地对应建筑的结构和内部空间划分。这样，既使得设计—生产—制造变得空前的简单、灵活和精确，又带来了一种“所见即所得”的新建筑美学——人们管这种“坦诚”无华的设计叫作芝加哥窗/框（Chicago Frame，在这个语境里，frame同时有框架设计和窗框的含义）。

在这种情况下，一切由于对建筑“内在”不必要的装点、掩饰、改造而形成奇葩“外观”的，都等同于犯罪行为（20世纪初的奥地利建筑师阿道夫·卢斯说：装饰就是犯罪！）。现代建筑的先驱者之一、柏林的老国家画廊的设计者卡尔·辛克尔曾经画过一幅名叫《建筑的起源》的画，表达了这种信念。乍看起来，这幅画和同一时期另一幅叫作《绘画的起源》的作品很是相似，内容都是一个主人公的影子垂落在某种“画布”上，而记录影子的画中人则分别成了画家和建筑师——可是，《建筑的起源》的模特是一位仙女，而《绘画的起源》的主人公是艺术家的恋人，是个凡人；更精彩的是，描摹《建筑的起源》的光源是日光，无论是画还是不画，它都在那里，而《绘画的起源》里的影子则依赖艺术家点亮的烛火。通过这幅画，辛克尔已经很清晰地表达了一个由来已久而且也将影响深远的观念，那就是建筑不依赖于任何原型，它自己成就了自己——建筑不需要“像什么”，建筑不是一幅画。

或许因为这种长期形成的观念，20世纪以来的建筑师是极端讨厌“象形”的，所以像个铜钱的，像架钢琴的，等等，看上去就不可能是品位很高的设计。但值得提醒的是，在唾弃“像什么”的奇葩建筑之前，人们不该忘记，在这个阶段以前，人们对于光秃秃的现代主义建筑，一度也是水土不服的。回到现在看起来一片洁白——其实这只是考古学家为人们带来的误会——的古典时期，在习惯了莨菪花叶柱头、闪光金色线脚的那时候的人们看来，极度简单、去除了大多装饰因素的“抽象”的建筑简直是个笑话。

尽管现代建筑其实什么都不像，攻击早期现代建筑的人们，仍然想给它们安上一个不相关的“表情”，就像今天的人们对待“大裤衩”“小蛮腰”一样，只不过批评的方向正好反过来。比如，奥地利当时的报纸就嘲弄阿道夫·卢斯素朴的建筑立面（那可是足够“结构坦诚”的），说它们像下水道的盖子翻转了90度。

事实证明，大多数“结构坦诚”的现代主义建筑是大势所趋。它们与其说是竭力避免了“奇葩”的外表，不如说功在一个符合经济规律的、便宜的外表。“表里如一”的新美学不是原因，而是建筑工业模式改换的自然结果。旧贵族嘲笑卢斯的也正是实质“掉价”的这一点，成千上万幢像下水道的盖子立起来那样的板楼，很严肃，一点也不“奇葩”，但是可能同样低档可笑——因为外表千篇一律，灰扑扑地相似，它们甚至慢慢真的有些遭人嫌弃了。

让普通人都有了房住，后果就是我们城市鸽子笼一般的楼盘，它主要的优点就是——便宜；因此，要说现代主义建筑能有多穷奢极欲是不可能的，极度“奇葩”到上电视，这样的建筑在城市中毕竟还是少数的，难得有经过刻意设计的“奇葩”。相反，多的是那种争奇斗艳、乱哄哄的乡村迪斯尼乐园式的“奇葩”：要么迎合商业逻辑，在一堆灰扑扑的现代主义建筑中间博出位；要么偷工减料，但只是弄拙成巧，偶然“亮了”，也是让冷笑话成了真段子。

因为难以想象的无序造成的极度混乱，它们大多数由于缺乏足够的“亮点”而还不到在社交媒体上疯传的程度，但是想想，那些让人一抬脚就摔一个跟头的地面和楼梯，进去找不着北的公共建筑，走得吐血的机场和火车站……它们为我们这一地鸡毛的日子带来的灾难，其实要远远多于城市里高大上的、只是偶然闪现的“奇葩”。

实际功能的缺失和短板，比看上去使人哑然失笑要致命得多。

共“奇葩”起舞

问题是，尽管有那些清教徒式的嫌弃，有乌托邦的美好理想，召唤着效果图上一座座未来世界般的城市，“奇葩”是否可以真正从我们的生活中完全去除？

“奇葩”又是否完全是负面的东西？或者说，哪些对我们而言才是比“奇葩”更加紧要的城市和建筑的痼疾？

如果有谁打心眼儿里不嫌弃纷乱的现实，并且在“奇葩”绽放的土壤里也乐在其中，那么“大裤衩”的设计者、荷兰建筑师雷姆·库哈斯可能是不多的几位之一。在他早年的著作《癫狂的纽约》中，库哈斯曾经写下如下的公式：“现实=技术＋纸板（或者其他轻薄的介质）……”他进一步定义说，这公式里的“技术”是一种“奇想的技术”（technology of fantasy），也就是使得

“奇葩”生机盎然的炼金术——在他看来，奇葩不要紧，但如果它能够足够“奇”，就可以从一味只是有害的毒药变成去火排毒的补药，或者像“以毒攻毒”的疫苗。他说的“纸板”，当然是“奇葩”们“徒有其表”的那层欺骗性的外表，在这里它不是千夫所指而是大放异彩。

对于中国各地雨后春笋一般涌现的“奇葩”建筑来说，“纸板”是完全与建筑结构和逻辑脱离的搞笑立面，是“奇葩”引以为豪的卖点，也是它们唯一能够唤起一点“山寨”意义的东西，如“小巴黎”“小曼哈顿”，各色“风情小镇”……其实，这本身不是最严重的错。如前所言，在严重需要生气的中国城市，这些舶来品甚至还该有个喜剧演员的位置。那么，为什么我们对于这些“奇葩”还是颇多微词呢？在很多中国的主题公园城市中，确实，并没出现多少使得舞台布景生动起来的东西，此处最缺的也就是“奇想的技术”，也就是一种兴致勃勃的文化狂想。一样新事物得到认可之前，有可能介于正邪之间——就像库哈斯曾经描写的早期的纽约，在那里的康尼岛上，纸板搭就的“奇葩”建筑营造了各种幻境演出，“奇想的技术”曾经为这座世界都市的上升期贡献了无限的声名和魅力。

中国各地“奇葩”建筑的失败最显而易见的原因，就是相对于它们不起眼的规模、可怜的质量而言，城市的马路实在是太宽阔了一些。单薄的建筑和几乎空白的“林荫道”并置，意味着纸板搭起的“现实”要无情地在太阳下暴晒，或是在冬季的狂风中接受考验，若要安心地享受“奇葩”的喜剧，在那样高或低的温度下，在公共空间缺失的城市，会是个很大的问题。仔细端详“奇葩”组成的城市，你还会发现，今天中国城市里的新建筑不管是“正角”还是“反派”，往往都是和城市脱离开的，由此造成的失衡的建筑尺度，被聚焦于“奇葩”自身的照片效果掩盖了。为了不穿帮，天子大酒店的大多数房间都不能有直接开向街道的窗户，而各种“天使”需要离开地面相当的距离。

大多数中国造城运动的领导者都将城市看成是“生蛋鸡”（甚至是即存即用的“取款机”），而不是拉动生活的“传动带”。犹如库哈斯评论的那样，那意味着手拿算盘的会计师对于白日梦的优势围剿。纸板城市本身不要紧，可是缺乏“电力”的纸板城市，只能给人们开个无伤大雅的玩笑。在观众心满意足之前，这样的城市就已经耗尽了能源。这既不高雅，也不真正好玩。

在北京因为“大裤衩”焦头烂额的库哈斯并无横扫“奇葩”的洁癖，他清楚地看到那是“真实的虚假”和“虚假的真实”之间的区别：前一种或许低俗但热力四射，后一种的高大上毫无生机，却同样是纸板糊成的——他宁愿要嬉笑怒骂的前者也不要装腔作势的后者。在他看来，让“伟大的盖茨比”们心跳不已的资本主义上升阶段的城市，最有魅力的地方并不是虚情假意的矫饰，而是真材实料的庸俗。真实的虚假远胜于虚假的真实：这种“奇葩”的尊贵不是因为真正的尊贵，而在于它友情出演的卖力程度。

“纸板”当然是中国传统擅长的东西。早在美国理论家文丘里为广告牌大声叫好之前，它们就已经在中国投入使用了。广告牌风格的“纸板”建筑，适合各种只可远观不可亵玩的“奇葩建筑”——这种“奇葩建筑”在今天的集大成者其实是横店影视城——但中国城市缺乏的往往是“奇想的技术”，也就是点亮各种“奇葩”使它们成为奇观的关键专利。在20世纪初的纽约，这些专利早在摩天楼拔起之前就臻于成熟了：不会摔死人的安全电梯，本用来快速建造铁路和大桥的钢结构技术，完善而繁忙的交通系统和井然有序的商业管理……

而各种死气沉沉的“山寨”，倒过来暴露了我们这儿“纸板城市”的软肋：它们满头大汗“cosplay”的对象只能是宫廷剧目，是城管驱赶小贩的“尊贵”，而无法是现实所不及的、成熟而放肆的现代文明。

保守的真实和创新的虚假

华为公司在东莞兴建了一个集成各国小镇的新总部。这可是中国创新企业的“大哥大”华为啊，在东莞兴建了一个集成各国小镇的新总部。这个消息在网上点燃了又一个公共建筑话题：除了谷歌不可思议的透明穹顶，苹果也弄了个UFO飞船般的玻璃圆盘——有人戏称，那是受了中国人的“土楼”的影响——做科技的任正非却打造了一个“世界之窗”，这是要搞哪样？

公允地想一下，华为的“科技小镇”其实也算蛮有“创意”的。这当然只是“退而求其次”，假如鼓捣不出一个从瓤到皮都真正超越创新的未来总部，那么“向后看”，“看得见山、看得见水，记得住乡愁”也算个选择。至少网上流行的几张图片，山水兼备，乡愁满满。其他中国式“总部”——比如外面豪华玻璃幕，里面纯正“筒子楼”的俗套——可能更跟不上世界建筑潮流。只能说在地方风格相对不算显著的南海腹地，来个“脑筋急转弯”式的大串烧，也算是“反者道之动”。

“脑筋急转弯”体现在集好几种拧巴于一身。一、有关以上所述现代建筑的基本伦理，“形式应该追随功能”，它全没有。你要觉得高科技企业就得现代派，那我偏吹个欧陆小镇风。二、充满了“中国建筑”的身份焦虑。“中国的，也是世界的”，现在变成了“世界的，就是中国的”（反正都是made in China）。三、最后，也是最重要的一点，当代建筑是否也像它所承载的新经济那样，该是一种创造性产品？

大多数设计师、建筑师都想“走自己的路”，创造力照道理不该向通俗的、山寨的趣味投降，但从产品到建筑，往往我们只能“走别人的路，让别人无路可走”。

毫无疑问，我们有这样的观感，也许是因为我们并不真正了解“剧情”。要知道建筑是一个复杂社会系统的产物，很难以一般意义上的美、渣、酷、丑一言蔽之。看起来，无论这个项目在东莞松山湖的选址，还是它选定的建筑式样和运营方式，一定都有某种政、商的博弈牵涉其中，难以为外人所窥破。从短期看来，它不会影响使用华为产品的广大消费者对它的信心，对地方经济可能还有非凡的拉动作用，就算是来自小镇原产地的老外，也没准会将其看作东方的“西洋景”。再者，如果仅就“式样”

“风格”而论，从建筑学发展的历史看，现代主义追求进步的“范儿”确实并非终极真理，不能覆盖全部的城市发展情境——比如，罗马帝国时期的城市建筑就可能千篇一律地重复，毫不掩饰的华丽，格调不大清雅也谈不上什么“创造”，似乎有点对不起它那时候如此蓬勃的征服的热情。

就算有这种托词，科技小镇确实使人感到某种“乡愁”。因为它实实在在地让人认识到，这就是我们今日艺术——建筑产生的土壤，不大乐观，而且与现实和历史之间都有着不大不小的断层——显然，设计师会怀疑，这样的土壤如何能培育高科技企业所需要的创新精神。但反过来，它也不好说就能安顿使人眷念的“旧”——从照片上看，不管哪国的小镇主体结构都是整浇或类似的现代建筑，“形象”不过是层贴面罢了。

在这样的土壤中，曾经喧闹一时的、吸引眼球的“新”和“奇奇怪怪”会急转直下，变成使人隔膜的“平庸”。于是你发现，将混乱现实拯救于水火之中的力量的归宿，就将与它拯救的对象的命运殊途同归。无论现代还是传统，作为复杂社会系统的建筑都同时需要文化（它提供形象的支持）、社会（它保证了有效的使用）和技术（它使得系统性和结构化的操作变得可能），缺了其中一环甚至三者全都乏力的中国建筑，时常就表现出这种进退失据。“新”也新不得，“旧”又旧不了。这使得他们能提供给客户的“弹药”相当有限，于是怀旧就成了折中。

就在华为小镇落成前后的那一年，号称国际建筑界最高奖的普利兹克建筑奖，获奖者是三个名不见经传的西班牙建筑师组成的事务所RCR。据说，他们几乎没怎么离开过他们生长的加泰罗尼亚。他们植根此地的作品，也使人想起某种带有滞后感的“乡土”——但是，此“乡土”和彼“乡土”是不一样的。它们就像两列相向而行的列车，迎面呼啸而过，西班牙人明确地表示：“新的就是好的吗？——不，但旧的也不好。”

本想在众多关注的目光中“静悄悄地走开”的华为可能无辜，也许，它不过就是想离开嘈杂的深圳有个更好的上班环境而已，没有想和建筑形象出位的谷歌、脸书和苹果竞争。一群可以称为我们的父兄辈的企业领导者，他们“在古堡里搞科研”的创意听来有些无厘头，愿景却不妨称得上真实——在设计师那里不太讨好的真实。但是，相对于耗费太多、产出惊人却突破甚少的“中国建筑”，民族企业的“科技小镇”确实丧失了一次升级换代的宝贵机会：建筑本身可以是高科技产品的载体，是它们的试验场；脱去外壳之累的现代建筑，可以让内部空间和工作模式有彼此促进的可能——难道，已经占了绝对上风的中国式实用主义，不能给这样的想法一个机会吗？

它没准收获了实惠，却多少泄了吃瓜群众的“底气”；它或许体现了不动声色的精明，却让未来变得模糊不清；它确实从当下的喧嚣离开了，去快活林里寻找“山”和“水”，却没有真的回到撩拨我们乡愁的来处。

结语

大多数中国的“奇葩”建筑其实并不是三流货色或是特意搞笑的产品，相反，它们是市长们真心诚意树立起来的英雄式的城市地标——这个事实听起来比“奇葩”建筑本身更像一个笑话。孤立在巨大广场中间的“奇葩”建筑，似乎直接呼应了西方现代主义者的有“幸福”光线、空气和草坪的“光辉城市”（Radiant City）的理念。不幸的是它一而再、再而三地抄袭了错误的原型。勒·柯布西耶提倡的“开放空间”（open space）并不意味着“什么都没有”的洁癖。事实上，柯布西耶肯定了街道的作用，也不否定曼哈顿式“拥堵的文化”的意义，“那些有眼睛在他们脑袋上的人们都会在这片欲望和面孔的海洋里发现无穷的快乐，它比剧院好，比我们在小说里读得还要好”。他进一步发挥说，这一切不是出自井井有条的秩序，也不是因为宽阔无比的空间。而是“丑陋之美”，是不幸之中的万幸……

库哈斯对于现代主义的恶搞或许是一种爱恨交织的过犹不及。在1998年2月的一个演讲之中，他呼吁人们接受“这个窝囊的世界，把它多少整治成一种文化”。针对密斯的“少即是多”，库哈斯发表意见说，这位现代主义大师其实已经在寻找一种将崇高的美学和稠密的资本主义相融合的方法了，只是在他看来，这方法还不尽如人意；文丘里和布朗的大众都市主义是第二波冲击，是一种更强、更即时的现实主义——从库哈斯的角度，或许两种主张都有其软肋，“乱糟糟的生气”和一片混乱没什么区别，密斯的高级现代主义又曲高和寡，如果文丘里取悦于大局已定的商业操作，密斯高高居于建筑师和垄断资本的共谋关系之上，那么库哈斯自己的城市策略就是两面讨好，置身其中，再穿透其外，而不仅仅是居于一端装得一派天真。

——在《癫狂的纽约》之后，库哈斯一度将中国的人造城市看成西方文明应该效仿的新榜样。在人情的密度和城市文明之间，他认为，这些城市一样架起了有效沟通的桥梁。

只不过，他没有看到或有意忽略的，是珠江三角洲、长江三角洲的“奇葩之城”们，并不是如他所想的严格的、新型的“自动的城市”，人们只能远远地旁观“奇葩”的发生而不总能深入其中——在真实的、保守的、空空荡荡的“奇葩”城市中，仅仅靠穿唐装或山寨米老鼠戴白手套，并不能轻易创造人气的神话。

“没有建筑师的建筑”，也许是无心，也许是歪打正着，产生了这种别样的设计趣味（作者摄于2017年芜湖）

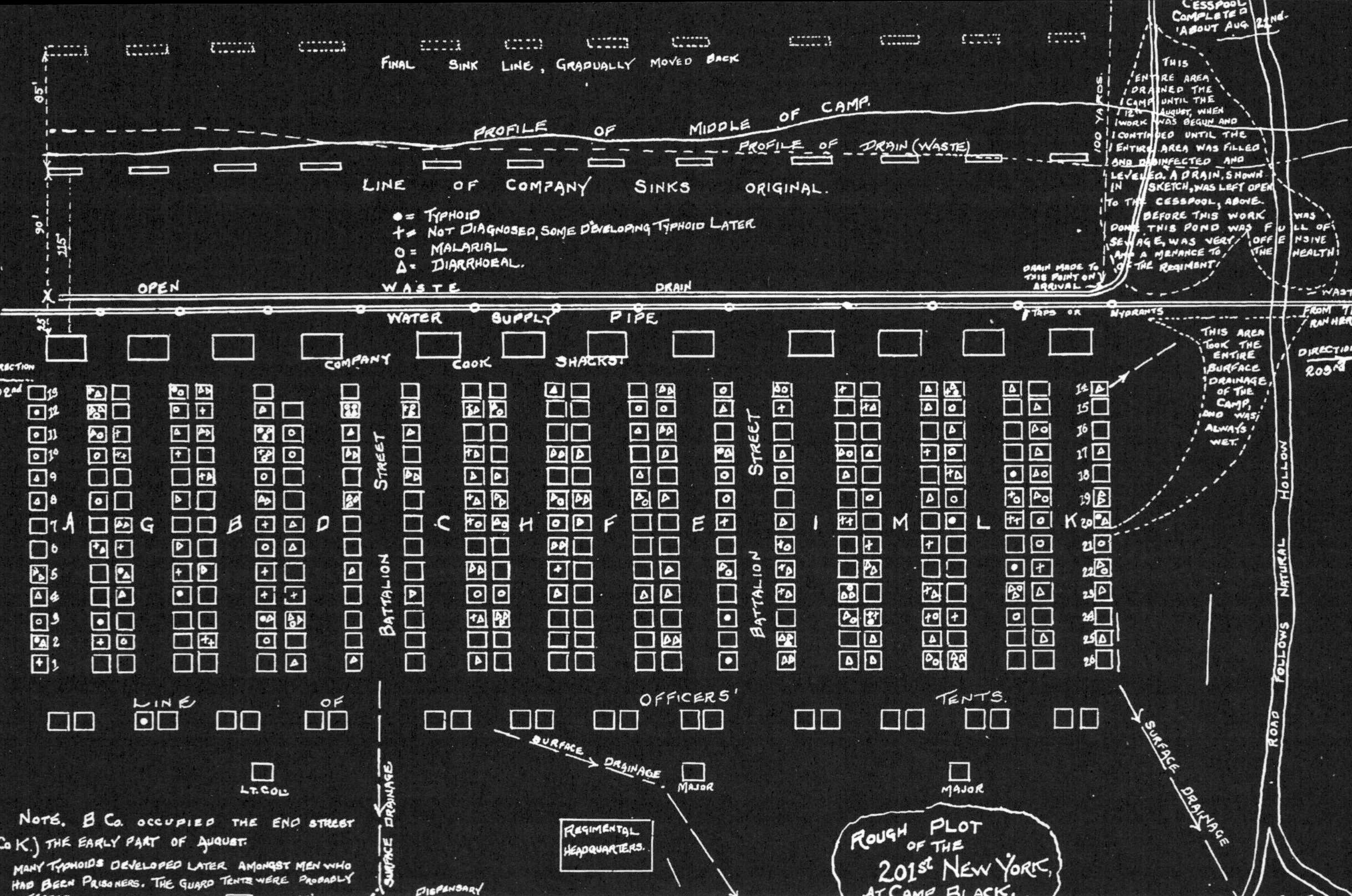

Final Sink Line, Gradually Moved Back
Profile of Middle of Camp.
Profile of Drain (Waste)
Line of Company Sinks Original.
● = Typhoid
+ = Not Diagnosed, Some Developing Typhoid Later
O = Malarial
Δ = Diarrhoeal.
Open Waste Drain
Water Supply Pipe
Company Cook Shacks.
Taps or Hydrants
Drain made to this point on arrival
Cesspool Completed about Aug. 22nd.
100 Yards
This entire area drained the camp until the 12th August, when work was begun and continued until the entire area was filled and disinfected and leveled. A drain, shown in sketch, was left open to the cesspool, above. Before this work done this pond was full of sewage, was very offensive and a menace to the health of the Regiment.
Waste
From 71st ran here
This area took the entire surface drainage of the camp, and was always wet.
Direction 209rd
Direction 202nd
A G B D C H F E I M L K
Battalion Street
Battalion Street
Line of Officers' Tents.
Surface Drainage
Lt. Col.
Major
Major
Regimental Headquarters.
Dispensary
Road Follows Natural Hollow
Note. B Co. occupied the end street (Co K.) the early part of August.
Many Typhoids developed later amongst men who had been prisoners. The guard tents were probably
Rough Plot of the 201st New York, at Camp Black.

2022年 『数字建筑』的决斗

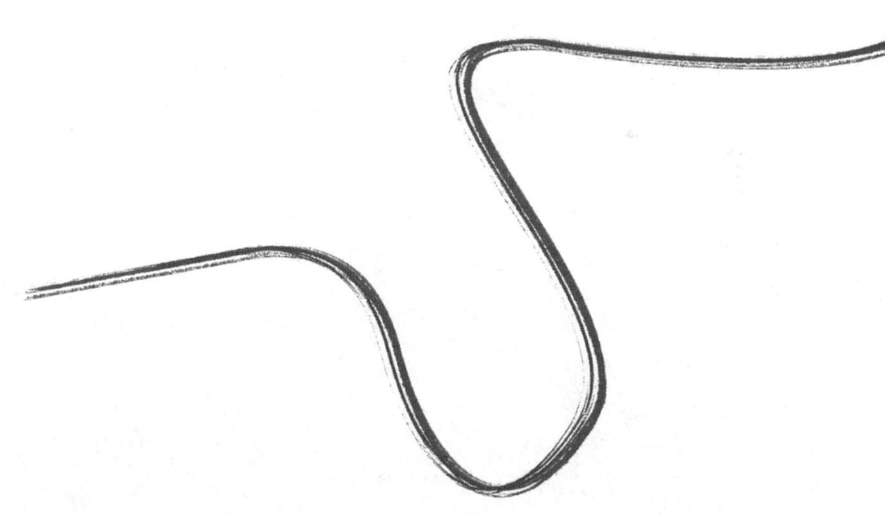

◀ 纽约201街地盘大样(作者资料)　早期纽约建设者们对于“风格”的冷感带来了直率的建筑样式,它的驱动力主要来自土地测量的精准和经济计算的精明。然而正是在20世纪的纽约,诞生了雨果·黑林(Hugo Häring)所谓的“清晰的混乱”或者“可程序化的混乱”,一种资本主义条件下的有机城市。它们是数字时代的前奏。

古道，阴风，神马，浮云。

两个黑衣人在同一坡土坎上狭路相逢了。

人们看不见他们的表情，只能依稀瞥见他们不同的发式。

一个摩登，一个复古。

但他们富有磁力的音线听起来却极为相似。

就连他们黑衣的款式也是难辨真假。

一个缁衣胜墨，一个皮襦似漆。

这是同一个人吗？

“其实，早就有了数字建筑。”

“其实，你说的数字建筑不是我说的数字建筑。”

“其实，我的数字建筑要好过你的数字建筑。”

——引自某不知名武侠作家作品

其实，早就有了数字建筑

我认识到这个高科技的道理，是在去陕北的旅途上，去考察明代“九边”之一的延绥镇风景——你看，在本书快要结束时，我又回到了开始时提到的东西：最老的和最新的往往奇怪地相遇，现代的空间，需要靠久远之前的生活启蒙。

这是一个在“墙的故事”中讲述过的电影画面般的场景，距离石峁遗址并不远。这里，完全是一副被造化肆意蹂躏到天荒地老的景象，周遭看不出几分人类存在过的痕迹。你会纳闷，这怎么可以？在这里，居然存在过史诗般的人类文明迁徙？这种运动虽然是在一个非常漫长的时间量度上，但是眼见着交流没那么容易，人际的感受非常淡漠，广袤的空间似乎限制了任何现代人可以想象的建筑观念。

忽然，看不见的气流沿着起伏的山峦移动，当轻风把远方的沙尘驱尽的时候，河梁的尽头出现了山脊上的烽火台，星星点点。尽管看上去微不足道，却仍依稀可辨：一座，两座，三座……

大多数中世纪欧洲城市的广场尺度，都在人的生理感受力的范围内，也就是说，至少有一条宽度小于50米的窄边，在这个范围内，正常裸眼视力可以认清楚人脸，点头致意的时候至少可以辨别对方的表情。可是，在特别的情境中，在广袤无垠的瀚海沙漠里面，这种能力失效了。人们需要一种特殊的手段，把近在咫尺的物理感受转化为抽象的“信息”。“烽火台”大概就是最早的远距离通信的实例之一。

用不着走得太远。除了散布着星点烽燧的北方沙漠，前现代的中国城市里也动辄出现中世纪欧洲城市难以想象的大尺度，比如说隋唐长安城，普通的城市街廓短边都超过500米。除了尺度巨大，这些城市近距离的“可见度”也不好。由于大量围墙的存在，城市的面孔总是若隐若现，区域的特征彼此雷同。在这两种情形下，直接的空间感受都消失了，人们对于特定场所的形象记忆，有时不得不让位给抽象的编码系统——顺城一街、顺城二街、东四一条、东四二条……似乎这样，而不是绣花般地雕凿出来的小房子，才能快速征服前述不可想象的“天下”。

这个过程中，着实已经出现了“数字建筑”的踪迹。

自然，中国古代的“数字建筑”并不能说明那时的社会发展水平，“一条”“二条”，并不等同于曼哈顿的“42街”“第五大道”；相反，古今的“数字建筑”虽然机理类似，旨趣却大不相同。现有的建筑学理论构架、术语体系大多是西方人创造的，因此，我们所讨论的“数字建筑”，首先反映出的是西方建筑学和西方文明交织的脉络——这有点像线条画在中国早已出现，在印象派而言却是个大发现，两者或许在文化的“虫洞”处交集，但是各自的情境和次序全不一样。

30年前我读大学时，计算机建模工具已见雏形，但那时它还是在竭力想着“画画”，给人造成电脑不过是一种“辅助工具”的假象。其实，无论是不是“执行打印”或仅仅是在屏幕上显示出来，计算机图纸所暗示的空间关系都一概存在。由此，建筑有了另外一个诡秘的“化身”。它们是“建筑（性）空间（性）的表达”，既可以是图，也可以是观念——但是这对年轻人来说，天荒地老的自然语境已被淡忘，“图像时代”的虚拟建筑往往只计较像素多少。现代设计事务所里挂在嘴上的“空间”，其实已经毫无例外是真实建筑的替代品。大多时候，人们把空间设计的工作等同于“画图”。

再往后发展，在我还在设计学院就读的21世纪初，学校已经搞出了“建筑和计算机（网络）”的试验小组：一种思路是想要模拟酷似真实的虚拟环境，基于视觉相似性；另外一种，是按照空间逻辑浏览的虚拟，这是基于感受的等效性——比如说，要想走进设计学院的虚拟房子，一种界面设计，是能看清它门上的细节，一转眼这木质斑驳就被立体感极强的混凝土肌理取代，这样的建模渲染调动的算力之强，对当时的电脑要求过高。能不能，我们就在网页上“走进”四边形代表的大门，再进个可以开启的方框（电梯），最后，凭着门上的卡通图案，就可以找到学生们最喜欢的工坊房间？只要画出合适的心理印记，再简单的线条画也能“意会”。

在中国，建筑专业的年轻学生一入大学就学参数化设计软件。很多人在意的，是以此快速得到手工不易做到的产品，他们的老师对这样“画图”也不陌生。可是对有着漫长历史的西方建筑教育而言，数字建筑是个新东西，尚不足抵消传统的影响。西方文明首先把空间知识放在优先的地位，奠定了“类型学”的首发地位。“建筑”起源于对基本物理“类型”的关心（architecture

一词，意为有关“拱”的建造之术)，因此空间首先是“被构造”的，而不是感受到的。纽约市的摩天大楼和希腊、罗马神庙的关系，不在于它们真的相似，而在于“类型”的延续性。

直到文艺复兴的时代，随着独立于建造的建筑学的出现，“数字”慢慢有了它的自信——这种“数字化”，还不完全是帕拉迪奥的别墅中出现的古典比例问题，而是逐渐挣脱了形象，和构造的“程序”(program) 有关：比例可能抽象，“程序”却带来现实的后果。建筑的“程序”之所以有生命力，因为它不再从属于具体的建造过程，而是可以构造出普遍的现实：比如，0.618∶1 (黄金分割的比例)，你想得到，却未必能在实际建筑中看得到，但是如果它成为木匠师傅准备模板的标准，一张画好的图样，就可以成为不懂建筑学的人依样画葫芦的模度。这便也是“现代主义”追求的空间大生产的经济性了。这一过程，意外将后台操作的“数字”扶成了正身。原本只是方便不会画画的人执行设计工作，最终却摧毁了设计师自身的地位。

“现代主义四巨人”之一的勒·柯布西耶提出：建筑是一部居住的机器，机器的具体“功能”可以取代古典建筑的“样式”。1965 年，雷纳·班纳姆 (Reyner Banham) 进一步发挥了柯布西耶的意思。班纳姆的新名句是，“家并不是一座房子”(home is not a house)。大意是，现代住宅的很多功能都是依附于机械设备的，比如通风机器，比如空调、照明、烹饪、洗衣……既然这些设备自己也有形体和构造，有“皮”有“瓤”，干吗不用它们直接构成建筑，非得再套一个常规房屋的壳子呢?

和今天“数字建筑”的鼓吹者一样，“机器建筑”的呼吁者们希望摆脱附着在“程序”上的冗余的美学，让“程序”做主。他们看好的“自动”（automation），为“数字”的出现扫清了道路。但“机器建筑”和“数字建筑”并不完全是一样的，它们最大的区别就在于，刨除了外设的形象尾巴，机器设备确实可以独立存在，但是若没有赖以依附的形体，“数字建筑”就只能在虚空中飘荡——影子怎能独立存在？今天人们通常用来形容“数字建筑”的一个词，是“酷”（cool）。它冷飕飕的阴风，着实来自建筑的“虚拟”特征。如果说新哥特式的立面为20世纪初的摩天楼找到了在新世纪的锚点，流线形的宇宙飞船和现代工厂又为“机器建筑”大肆鼓吹，那么“数字建筑”则一直没能找到人们所能接受的“形象”——它不是自我了断阉割了自己的物质外在吗？这便是它迟迟不能“露面”的原因之一。

直到有一天一部电影出现，这种情况才有了变化。

这部电影叫作《黑客帝国》（*Matrix*）。

其实，你说的数字建筑不是我说的数字建筑

篇首引文其实是个“老梗”，灵感来自若干建筑大师的“斗法”，比如，1982年埃森曼（Peter Eisenman）和亚历山大（Christopher Alexander）两位理论巨人的辩论。埃森曼尤其是个爱好与人辩论的人，可是，这次他碰上了一个硬茬——里奥·克里尔（Leon Krier）。1989年，里奥·克里尔和当时声名鹊起的彼

得·艾森曼的那场辩论，题目直截了当："重构还是解构，我的意识形态比你的强"（*Reconstruction Deconstruction*，*my ideology is better than yours*）。

——别看这词天天出现，你说的"数字建筑"，未必是我说的"数字建筑"。"数字建筑"本来是和形象绝缘的。《黑客帝国》就描绘了这样一个"渺渺乎如穷无极"的世界，一个诡秘的现实世界的"化身"。全套的物质世界的抽象信息，在一个虚空中如鬼魅般地飘荡，构成此世的另一个自我。而且，这个化身是真实并永远存在的。它本该如佛教寓言里所说的，只在人的贪欲嗔念中幻生的"化城"里，完全不着痕迹。可是通俗媒体又分明赋予了这种虚空一个难忘的画面，这就是我们看到的电影海报。一串串绿色的数字沿着屏幕缓缓移动，拖出长长的萤光的轨迹……

最著名的与"孪生世界"有关的概念原型，应该是柏拉图的"洞穴"了。柏拉图认为现实来源于理念（idea），理念中的马可以"翻译"成无穷无尽的马的品种，只有理念——不存在的那匹马，才是最完美的。依据这个执念，艺术再现就下了现实一等。艺术基于模仿，不是真正的现实，甚至也不一定是对理念的上乘的再现，而只是"洞穴"中面壁的囚徒看到的虚幻的影子。因此，柏拉图认为感官是不可靠的，真正的知识只存在于洞穴之外。

可是新的传播技术，印刷也好、电视也好，加上网络信息技术，大量地复制后广泛传播，改变、削弱了人们对原型的执念，夸大了影子的意义；在东方文化的语境中，更是从来都不太在乎绝对的"理念"和"原型"是什么，真马和假马有时候难分彼此。不信你看看，国内的高新科技开发区，不乏这种富于提示性的"数字建筑"。这种只是外形肖似的"电路板广场"和"芯片大楼"，当然，并不高明，甚至还有点可笑，可是，虚拟世界的嬉皮士们，尤其是初次接触计算机建模工具的人，也未尝不会把数字建筑混同于它的形象特征：闪亮、飘忽、不定型（不能用传统的几何方法描述），等等，对于"外表"的喜好常常盖过了实质，以至于把数字建模等同于有点"闪"的3D效果图，这并不只是非专业人士才会犯的错误啊！

数字艺术进一步颠覆了"原型"或者"起源"的观点。原来的原型至多是模糊的，至多就是不能完美地再现，到了数字时代，"原型"干脆不存在了，真马、假马完全等效。这样顺延下来，"元宇宙"的出现就合情合理了。它占据了绝对理念的位置，彻底颠倒了柏拉图世界的秩序。"元宇宙"里的马和现实等效，而且不止一匹马——"元宇宙"的"元"（meta），是无穷无尽再生出来的可能性，来自拉丁语的前缀。这个概念最重要的地方，不是"虚拟"，而是无穷无尽与现实联动的可能性。

两种"数字建筑"都"虚"，却不一定就是"无穷无尽"。迄今为止，我们大部分的想象力，都建立在这个东西可以"变现"的基础上。假如说虚拟和虚构还有什么区别，就是虚拟其实根本不可能存在，虚构是对现实存在的某种质疑——把这个关系讲清楚以后，我们就可以继续对"数字建筑"现状的思考，也是对我们这个职业在未来世界中意义的预见：建筑师到底是再造世界还是复制世界？或者说，谁能让我们在人类困境的空间模型"洞穴”里得到拯救?

这样的“数字建筑”和“拟似建筑”(analogical architecture)有什么区别呢?“数字建筑”的意义不仅仅在于现实的准确再现，而在于它孳生群集的无穷可能。这种可能不是以单数，而是以复数存在的，通过同样的数字模型，可以永无止境地进行参数化调整。比如改变一扇窗的设置和尺寸，同时还可以设定多个不同的外在影响因子，使得整个建筑也随之发生相应变化，这就是人们通常所说的BIM（Building Information Modeling)。在这个意义上的城市，究竟是一个、对称的一双，还是无穷多个？或者，是人在设计还是机器在设计？很难判定。建筑师的角色发生了偏移——它显而易见的好处，就是让瞬息万变的大规模开发变得可能，帮助减少大量的重复劳动并显著地降低设计成本——也许，大拆大建的中国倒是很适合“数字化”的。

数字世界中一个独一无二的建筑的诞生，也是绝大多数建筑被淘汰的过程，是做减法而不是做加法——这听起来有点像《国家地理杂志》海选照片的模式。不错，建筑“设计”如今也越发接近于“摄影”了。最终，也许会沦落到只需透过取景器按一下快门。由于并没有被神化了的“正身”，强加的主体性所强行决定的旧选择标准，将会相当程度失效，创作“过程”的神秘性，会让位给“决定性瞬间”（摄影大师亨利·布列松语）的新的神秘性。这种可能不是单数，也不是孪生，而是以复数形式存在的。通过同样的数字模型，可以永无止境地进行参数化调整。

现实城市的数据影子，因此可以应用于设计，落实为真正的物理存在，也可以永远沉睡在黑客帝国的锡安（Zion）之中。只不过，像摄影花了100年才走进美术馆一样，现代建筑因为缺乏评判的标准，迟迟不能得到主流文化的认同，而“数字建筑”和它迟滞的社会接受间，似乎有着更为巨大的鸿沟。和摄影比起来，“数字建筑”的形象和它的构造机理之间脱节得更厉害。在20世纪的头20年，俄国人维克多·什克洛夫斯基说过，“艺术总是独立于生活，在它的颜色里永远不会反映出飘扬在城堡上那面旗帜的颜色”——如果把“艺术”换成“数据”，这段话也适足表达我们今天面对一系列这样的新概念时的惶惑：“数字”的形象可以是任何东西，同时也意味着很难把它看成什么东西。

旧有的建筑语言总是依赖于“风格”，虽然建筑并不像再现性的艺术那样有个“原物”的问题，它祖述“经典”和“原型”的努力却是一点都不落后的。也许，我们需要首先讨论的不是影子、形象和意义，而是能够点亮城堡的灯光。

其实，我的“数字建筑”要好过你的“数字建筑”

新的观念输入并非哲学家完成的，它首先拜数字时代之前来临的“图像时代”所赐。现代社会里充满着各种形象的某些“画廊”的室内是如此，在电影上演的90分钟内，闪亮着栩栩如生的梦境的电影院也是如此。现在，不需要哪怕一部分真实的物理空间的参与，靠着海量信息搭建的“孪生城市”也可以通过VR眼镜出现在我们面前了。与此同时，尽管“大数据”来势汹汹，完全对等的“拷贝”其实是不存在的。所以，你不积极参与，则大可不必担心“孪生城市”中已经有了一个你的“影子社区”。现在，人们更在乎的其实是两者的关系问题，而不是可能马上涌现的“孪生”的事实。除了世界的“备份”有什么用的话题，其实还有关于这种“备份”的柏拉图式的追问。

对西方建筑学而言，“数字城市”确实有点像是洞穴里影子的来源——西方文明首先把空间知识放在优先的地位，决定了理念这个影子对于物理现实幽灵般的意义。“建筑”正是起源于对不甚可见的基本“类型”的关心。类型学既是物质关系，同时又是几何学，因此空间首先是“被构造”的，而不必定是直观地“感受到”的。

“数字建筑”产生了闪亮的外表，也带来了空前的、让人瞠目的繁复性，看上去不可能用旧的设计工具轻易达到，因为它不再需要遵从单一的外界“输入”（因为它是自动的，而且不是一个“头脑”在工作）。所以产生出的复杂曲面和形体，也不是一般的几何方程可以描述。这种稀奇古怪的玩意儿在设计方法上有个讲究，人们管它叫作“非线性”的建筑（设计过程）。

“非线性”解释起来并不困难。传统建筑的造型手法常被比作某种语言。既然是语言，就会和“语法”挂钩。一般的语法，至少是日常语言的语法，大多还是基于线性原则的：话要一句一句说。也就是说，每一个词或段落的含义都需要从前面的言说之中获取解释。从这个意义上，“数字建筑”不受线性规则的约束。因为它的形体结构生长并没有固定的逻辑锚点，也分不清起始和结束的地方——它们的内部永远是彼此定义的，就像一个面团，揉到最后，已经不知道哪个是里哪个是外，哪个部分是最初的一团了。

早在20年前，“数字建筑”的重要推动者之一格雷格·林（Greg Lynn），就用了一个词描绘他理解的新建筑样式——“blobitecture”。我们可以看到，这个词的前半部分“blob”和“architecture”中的“arch”放在同样对等的位置上。它的意义可见一斑。被称为“blob”（大意为“大块”）的这种造型特性，除了可以用建模工具本身的命令创造出来，同时也是一种哲学，或者说，对世界的一种新的理解方式。这种理解方式里，我们看不到通常人们会期待的有关建筑的分析性术语，比如墙、梁和柱子，倒是容纳了更多的含混性和解释的可能。

有意思的是，“数字建筑”的这种特性最终也方便了它的建造。模糊定义和精确控制这对矛盾体，从一开始就纠缠在一起——最好的例子莫过于扭曲妖娇的纽约古根海姆博物馆。弗兰克·盖里（Frank Gehry）这位创造奇迹的建筑师，其实是在数字技术之前接受教育，并不是玩电脑长大的那一辈。我有机缘和他数次交谈，证实了他和林并不是同一路人。早有传言，他其实是先“手工”雕出建筑的模型，再把模型拿去数字化的。但是，他的工程公司的强大之处，在于利用的是波音飞机工厂用的软件CATIA来分析数字模型，并精确地把这庞大的金属怪物“制造”成功。最终，生在数字时代之前的他，成了“数字建筑”的一面旗帜。

可是，“数字建筑”的“有用性”还是有待检验。问题并不在于“输入”的这一部分（灵感、来源）而在于“输出”的这一部分。首先是意义，任何一种语言的价值都在于它的意义生成结构，这其间隐藏着阐释学上的悖难：整体定位清晰才能使得局部成立，而完全开放性的、没有有效意义体认的局部，反过来也容易导致一个缺乏意义的整体。其次，在很短时间里就能创造出的形式，人们常常不知如何解释它才好。FOA事务所的创始人法西德·穆萨维（Farshid Mousavi）的“数字建筑”实践就形象地解释了这种悖论：一方面是非常清晰的类型学理论（尽管它有别于古典建筑），另一方面生成的“图案”琳琅满目，但像阿拉伯的迷宫一样使人无所适从。

还有一个问题，关于人类建筑的胎记也是命门：重力。曾几何时，建筑结构工程师们对“仿生建筑”尤其痴迷，“数字建筑”也给了他们类似的希望——据说，这是老当益壮的林最近努力的方向。他发现，自然界中的很多形体在承重方面都有着最优化的可能，鸡蛋的薄壳结构只是其中之一罢了，而这正是建筑师最关心的建筑造型问题。但这里看上去也有着不可克服的困难：因为在不同尺度下，重力起作用的方式显然不一样——对一个飘浮在空中的肥皂泡而言，表面张力比它受到的地心引力要重要多了，如果只把这样的结构放大很多倍，哪怕是很轻的材料，也未必能达到人们期望的效果。更何况，千百年来人们已经习惯了把楼板划分成水平有序的层次，不如此就会走“下坡路”的人类的肉体，恐怕在短时间内还很难习惯行走在总是以大于45度角蜷曲的地板上。

“数字建筑”的推动者也许没错，新形式和生物造型的密切联系中，存在着巨大的新意，设计“非线性”模型时导入的高等数学方法，比如分形、混沌理论，都无疑比以前的算法要更接近从莱特等人开始的“有机建筑”的实质。可是，在机制的精度上、信息的容量上或模型的复杂性上，现有的“数字建筑”都无法和真正的生物体相比较——人类对自身所知其实还很少。用硬质的、本身无法发生变化的无机建筑材料去模拟有机质的特点，让人体——人体是真正的“数字建筑”——去适应用钢筋混凝土拟似的“数字”，让“硬”的“外在”的标准，和一种“有机”的“自动”的标准碰撞，这其中的问题是显而易见的。

沙漠之中，一声枪响。

从他们的背影，我们暂时还分不清哪个是“数字建筑”。

我们也不知道倒下的会是哪一个。

后记

时间中的现代和人

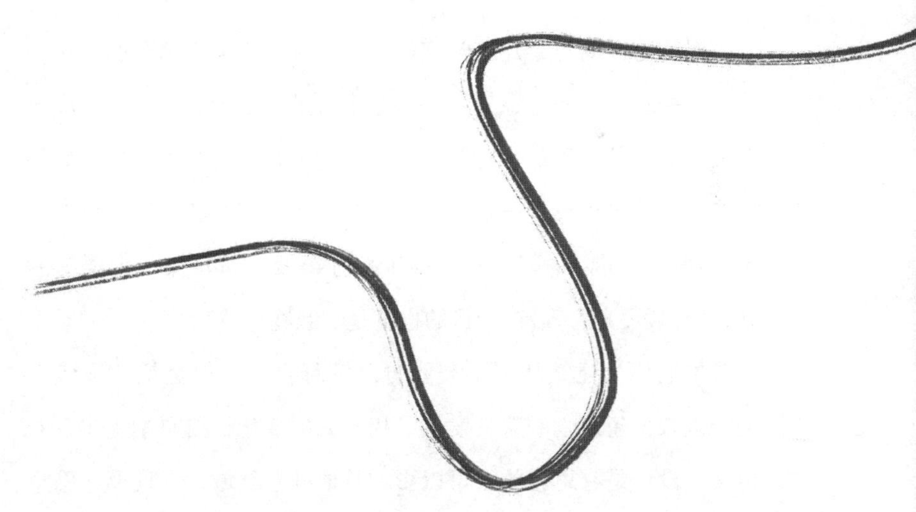

◀ 中关村软件园(作者摄于2010年) 图中展现的是中关村软件园建设之初的样子。

对普通人而言，建筑学究竟是什么其实是无关紧要的。在古往今来的日常生活里，建筑一直是个沉默的统治者——“上层建筑”“建制派”“顶层设计”……这些词的含义说明了一切。另外一方面，建筑仅仅是发生故事的舞台，人们记住的一般是故事而不是舞台，所以中国文献中很少单独提及建筑自身。真要提的话，“鲁殿灵光”，最终的目的也就是“状物抒情”。

虽然伟大建筑从来不需要自己解释自己，但是从“现代主义”以来，建筑学的含义发生了相当大的变化：按照学院体系的定义，设计是有思想的，可以影响其他社会领域，一种设计思想如果称得上成功，它一定要有健全的体系和预设的目标，要有适配的手段，还要有同样丰富的、用以检验理论的社会实践。有意思的是，这里有四种现代主义城市与建筑的案例，它们都以可观的意志变成了现实，在它们发生的文化语境中，各有各的“现代”法儿。

“现代”仅仅是历史长河中的一个时刻，却是使其他时刻变得可能的时刻。

第一部曲，是“以他人杯酒浇自己胸中块垒”。20世纪20年代开始，“现代主义四巨头”之一的勒·柯布西耶执着地在世界各地推销他的观念——注意，是“以巴黎的美和命运的名义”。说法语的瑞士建筑师没那么在乎“现代”首先莅临何地，现代主义的早期实践，就像他们推广的建筑“风格”的命名一样，是不折不扣的无来由的“国际主义”。

于是，一伙在本国不甚得志的意大利建筑师，成就了一个东非小国的“现代”。这就是厄立特里亚（Eritrea）的首府阿斯马拉（Asmara），联合国教科文组织2017年将此地作为文化遗产列入《世界遗产名录》，理由是它是“20世纪早期现代主义城市的罕见之例”，同时，又强调它是“在非洲语境中得以实施”的。这种“语境”，其实不过是机遇与风险并存的一种委婉说法：欧洲建筑师得以在遥远的大陆实施旧大陆里难以实现的疯狂想法，同时也遭遇了难以预测的困难和挑战。在阿斯马拉，号称“世界上最美丽的加油站”的菲亚特塔列罗加油站（Fiat Tagliero Building），就是这样一座同时承受着机遇与风险的建筑。这座加强混凝土建造的现代建筑以外形酷似飞机而著称。它长得惊人的水平出挑尽管结构上是安全的，但是这种看似并无必要的设计，不大可能说服建筑师佩塔西（Giuseppe Pettazzi）的意大利同胞——就是非洲当地人看着它也是一样危险的！

他们“不明觉厉”，于是有了那个著名的传说：建筑师是用左轮手枪顶着施工者的头让他执行这个方案的——他们肯定在想，那么长的“横梁”怎么可以没有柱子支撑呢？无论如何，这种传说证明了，最初的“现代”可能是强行出口的。和预设的高蹈理想无关，它的美学不一定“因地制宜”，它的灵感只是“应运而生”，和当地的生活无关。

第二部曲，是姗姗来迟的“光辉城市”。在那一刻，“现代”除了因陋就简的质地，它的系统性思想和社会理想也已备受关注。在第二次世界大战后百废待兴的氛围中，“现代”不再仅仅是摩登的建筑风格，它简直就是重建人类文明共同体的呼吁和号召。在一定程度上，这解释了，为何法国建筑师勒·柯布西耶能代表法国，参与并主导了纽约的联合国总部的设计。因为他是现代思潮当之无愧的化身。但是，“重建”这样一个不破不立的任务，对于巴黎和纽约都过于奢侈了。最终，它还是落实在战后新兴的民族国家的“上层建筑”上。

在20世纪50年代，两位现代主义建筑的巨人——勒·柯布西耶和巴西人奥斯卡·尼迈耶（Oscar Niemeyer），分别主导了两个惊人的乌托邦实验：印度西北部的两个邦的新首府昌迪加尔和巴西刚刚建立的首都巴西利亚。无论是气质上还是手段上，它们之间都有着极大的相似之处，它们的差异，毕竟还是两个文明史长短、宗教信仰、风土人情都迥异的大陆之间的距离，更是两个不同境遇建筑师的各自人生的差别。“柯布”遇到印度政府的说客，提及这个可以耗费一个人毕生精力的城市建筑项目时，他已经是花甲之年了。尽管昌迪加尔项目得到了尼赫鲁的大力支持，在人生最后一段路上小跑的建筑师，最后甚至都没来得及看到它的完全建成。在地球的另一边，尼迈耶差不多在同一时期接到巴西政府的邀请。和古老迟缓的印度相比，巴西这个由白人殖民者建立的国度，毕竟还像一个年轻的小伙子，有着良好的体力和生活的兴致。三权广场上的标志性建筑物——巴西总统府、国会、联邦最高法院——虽然也和昌迪加尔一样有着类似的明快线条、去除繁缛的极简形体，但它们的“原生态”到底有着不同的经济基础，映衬的是不一样的文明社会里的仪式感。

尼迈耶只比柯布西耶小了20岁，算是学生辈了，却比他多活了差不多半个世纪，是个高寿的建筑师。他不仅看到了巴西利亚在建筑学上声名鹊起，也看到它在以后的岁月里和昌迪加尔拉开距离。前者已经成为巴西这样一个重要国家当仁不让的政治中心，它被人批评为高冷、非人，和桑巴、足球、狂欢节都距离遥远，有极具象征意味的预设意图，却有大批的第三世界国家追随；后者，则继续隐身在世界的角落里。昌迪加尔即使在印度也不算什么特别重要的景点，今天去那儿的游人，可以看到栖居其中的土著执拗地持续“改造”着这个柯布西耶用混凝土浇筑而成的城市，按他们自己支付得起的方式。建筑师召集了一大批他的欧洲朋友为建筑设计各种细节，家具和设施，令它的粗野也别具风味，但本地人并不十分买账。它意外的艺术收获，至多只能成为依然故我的古老生活的一种奇特注脚罢了。

第三部曲，或许可以称为“本地化的现代主义”。在其中，我们可以看到精致的现代主义——有的批评家称之为“高级现代主义”（High Modernism）或“白”现代主义——和粗野原生的现代主义——“灰”现代主义——的奇妙合流，“黑”加“白”造就了五彩缤纷，这也是昌迪加尔和巴西利亚最终的和解。

这里提到的例子是建筑师里卡多·波菲尔（Ricardo Bofill）早年著名的瓦尔登7号（Walden 7），建成于1975年。它比上面两个雄心勃勃的计划晚了没几年，但分明已经显示出与它们都不同的特征。你说它“白”，它其实只是一个旧工厂遗址改造的结果，巴塞罗那郊外的这446间公寓是人间的住居，谈不上建筑师的社会理想。但它又分明不是寻常的“灰”，没有哪个平庸的房地产商，会涉足这样一个气质神秘、结构繁复的迷宫般的产业。以30平米为模数，建筑师躲在现代主义“居住的机器”的著名命题下，把18座塔楼、7个中庭、2个顶部游泳池以及数不清楚的楼梯、烟囱，平台连缀成现代的骑士城堡。他打着经济性的旗号去除多余的装饰，营造出神秘而使人困惑的气氛，以便利现代居住为名，构建了一座巨大而复杂的立体迷宫。

瓦尔登（Walden）的名字，直接来自小说家斯金纳的乌托邦小说《瓦尔登湖第二》（*Walden Two*），又隐约使你回到梭罗的《瓦尔登湖》。建筑里隐含的这既不深也不浅的典故，已经展露出现代思想的自相矛盾：既要寄身喧嚣的俗世，满足时人的好奇和想象，有时又抗拒潮流自我封闭——它是现实中生造的一处梦境，以理性的手法带来神秘主义的气氛，离“现代”既近又远。

波菲尔出生于1939年，就在2022年于新冠肺炎疫情肆虐中故去。据说，他17岁时就踏入了建筑界，23岁已经是主设计师了。少年得志的他，并不像到处碰壁的柯布西耶那样，曾在推销自己时狼狈不堪，也不像尼迈耶那样对政治有过于旺盛的热情。50年来，他在50多个国家设计了超过1000个项目。最终，波菲尔变得不再像个艺术家了。他把现代主义建筑的诉求推向极致，并在商业上大获成功。同时，设计五颜六色，却也消解了他建筑创造里原本富有的张力，削弱了最初不羁的冲动，冷淡了生命伊始旺盛的热情。

也许，他的一生也正是现代主义自身宿命的缩影。

第四部曲，各位读者或许已经猜到了。作为这部书的尾声，此处必须来说说我们自己了，说说“未来”。这任务只能留给下一部书去更好的完成，只是，我们可以交代一下，我们和“现代”结缘的由来，这也是另外一种“本地化的现代主义”。

和“现代”结缘也是和人结缘。我的这本书，毫无疑问涉及了太多无法去真正对话的人，他们生活在过去的历史里，是时间的囚徒，和我们此下的境遇并无交集。乍看起来，这和我在本书最初提出的假设有所出入，也就是说，关于建筑的叙说理所应当纠结着生命的时间，可以感知空间，也是你可以浸淫其中的活的历史。好像是生物学家施一公在一场演讲中所说：世上本没有时间，时间就是空间本身发生的变化。哲学家海德格尔的观点似乎与施一公相反，但异曲同工：“存在”是世界在展开中成为人的舞台，没有时间的考量，就没有空间。从这个角度来讲，写一部建筑通史几乎不可能，因为具体的上下文里，人对建筑的理解总归有限，历史上并不总是存在爱思考的“设计师”，过去有的只不过是安于本位的“工匠”。过去有的只不过是“工匠”。

我其实对建筑师的本位没有那么感兴趣，但是又不得不依赖这种本位，只有把自己定位在这个特定的角度上，漫长时光中的追忆才变得可能。也就是说，“现代”加上“建筑”，在时间中思考建筑，促生了一种独特而清醒的历史意识，它使得人意识到他在世界中清晰而脆弱的地位，并且让他对此的反思变得可能，前者的意识有关空间——建筑师工作的对象，后者的反思正是一般意义上的历史发生学。本书并非一本哲学著作，但着眼于“此刻”和过去的关系，它又绝不是客观严谨的说史。我们在本书中依次展开的时刻，事实上都是一个对于建筑感兴趣的写作者，在“畅想当年”。每一篇文章对应着一种认知历史的角度，有知识的同时或许也有误解，必须是也只能说当代人和专业者的“以意逆志”。

我能清楚地感受到“现代建筑”的那一年份，是1979年。那一年我刚刚从乡下回到城里，寄居在外婆家的大院中。我的故乡是中国南方的一座港口城市，长江航运公司所拥有的海员俱乐部大楼是我们城市里最高大的建筑之一，它让我终日里充满了好奇。因为除了它，城市里还不大看得到纯用现代技术建造的房屋，“设计”更是无从谈起。如果从阿斯马拉的加油站算起，“现代”在我们这里整整晚了半个世纪。就在这一年稍早，中国建筑界的代表人物才开始谨慎地拥抱现代主义——而且，只有借着

“提高工业生产效率和科学技术水平”的名义，以下的呼吁才变得可能，新的建筑文化才在接下来的10年成为现实：“实现建筑现代化，设计思想必须首先现代化”（张开济），“从建筑的艺术性来说，要能表现我们的时代精神，具有充分的艺术感染力和生活气息的内外空间”（徐尚志），“建筑正在从艺术走向技术，走向技术的内面去，更明显地和艺术结合成一个整体。新技术、新功能的要求，产生了新的艺术造型”（哈雄文）[1]。

当然，现在我知道，这是一种显然的误会。“现代”并不是一夜之间发生的，它早已来临，就连我所居住的大院也早已不是传统意义上的中国民居。就建筑革新这样的事而言，一切是演变，而不是突变。我们大院的主体建筑，有可能和这个区域的“江西会馆”有关，那是一位在1949年左右逃离大陆的资本家的宅邸，最终演化成20多户人家聚居的杂院。我对它最深刻的印象，就是二层大楼的正立面上有着两根带着某种“柱式”（想起来，最有可能是富于装饰的柯林斯式）的立柱，这绝非传统中国建筑所能具有的。此外，建筑的诸多细节都给我留下了深刻的记忆，比如有着宝瓶式栏杆的阳台和铁杆窗栅，和我在有过更“先进”发展历史的近代城市见到的历史建筑没什么两样。除此之外，旧家没有给我留下什么更好的观感。比如，它的屋顶依然和中国传统民居相仿，雨季时常穿漏，院子里大家生活所赖的一直还是一口水井，很久之后自来水才接到每家每户。

1. 张镈等:《关于建筑现代化和建筑风格问题的一些意见》,《建筑学报》1979年第1期,第26—30页。

显然，这种感受和当时差劲的居住条件有关，以至于只要是新式建筑就一边倒地赢得人们的羡慕，小城里大部分青石板道被仓促地铺成了水泥路。其实那时我们并不真的了解西方世界的城市，比如日本、欧美不都是社会住宅，或者，香港的廉价写字楼并非代表发达国家CBD的主流，但是从那时起，“现代”显然已经有了某种具体的形式标签，这一点和建筑文化的传播方式有密切的关系。当时一度流行的科幻题材的文艺作品中，若见插图，不多的对“明天”的畅想全都是那些白色的塔楼，摩天大厦的外表本身分辨不出建筑的“高级”与否。这样“高大但不高级”的建筑即使今天在北京也还保留着一部分。三线城市的天际线靠这样的愿景草率地赢得了“现代化”。

不仅仅是建筑，如今古老的中国梦想着全方位的“现代”，却没法确认这是否只是一个梦。直到今天，我们对现代建筑的观感依然停留在外表，痴迷高度（高大=高级）、贴面（材料=投资）、造型（形象=艺术）。即使专业建筑师，没来由的“酷”，毫无意义的“构成”，寡淡无味的“秩序”，何尝不也是一种空洞的外表。去除那些不必要的、奢靡的装饰，室内却是模糊不清的。趣味因人而异，小城里即使“现代”也可以奢靡、复古、俗气，公共空间大多混乱、污浊、不便……但是，人们很少把这一切归咎于建筑设计的思想和系统，而是大多寄希望于“大师”的艺术造诣。也许，这是因为摧枯拉朽的现代建筑，并没有在所有地方都树立一种新的标准，而是留下了很多意义的空白。古老的生活并不能一夜花开。

当代中国的建筑设计大生产模式只有崛起时期的美国可以媲美，起点是与巴西、印度相近的发展水平，结果却远远超过以上的第三世界国家。改革开放以来的开发，已经催生了数倍于实际需求的城市建筑，密密麻麻，甚至不是五颜六色可以概括。商业化的氛围，又像极了促生波菲尔的那种环境，且势头大有过之。但是，这绝非“现代”的终结，也不是现代主义者梦想中真正理想的世界。我们将有必要，事实上也已经漫游到了各个不同的时刻里，才好反思此时此刻无法想象的文化的多样性。比如，某种生活方式（民族式样、乡村建设等）总是执拗地在不同建筑运动的呼吁中复活，一而再再而三……或者，巨大灾祸的集体记忆，对个体身家命运的敏感性，如此深刻地纠结在居住文化的潜意识里。即使所托付的空间不再，类似园林那样精致的文人叙事，也可以让它们借助某种风物和实践，隔代流传。当然，宏大的官方叙事早已整齐划一，但是，每个地方毕竟会有属于自己的“大体”（地形、气候、人际关系等），或者承上启下的“情境逻辑”（曾经的租界地、历史上的集镇）。“现代”，恰好更深刻地让我们意识到自身的有限和走出自身的必要。

这种“超现代”的反思，并非仅仅局限在一个人的成长经历中，也不止于中国经验。通过阅读和思考，可以完成一种特殊的时空穿越，比如去往异域的古城、特殊的戏剧化的场景……重要的是激发共同的人性经验，就像一部电影那样，使人回到似曾相识的世界。陌生的未必一定就不能让人心会，恰恰是因为熟悉而厌倦，使你渴望一种崭新的经验。即使远离生物学意义上的“故乡”，那些遥远的空间，也有可能使你获得如同家园般的安顿感。

就像一场梦。再准确些，运思于不同时间的建筑中是让你履及“梦境”。带一个“境”字，就不是简简单单地沉入仙乡：一个从此刻辗转而去的地方，也可能是当下时髦的虚拟世界，超越个别，如天边虹霓，似乎比身边的一切更让人神往，但是毕竟还托付在具体的结构和空间经验上。人们都有“最初”，回归“自然”，就好像婴儿回到宇宙般浩渺的生命起点，事实上是回到了自己，是全部的生命。

不管梦有几重，我要强调的，还是我们自己正是从“现代”出发的。正是生长于20世纪70年代的中国，我有幸亲历了一段由前现代的条件转往“超现代”的旅途，在这种复杂而真实的生命中，未来、过去和现实才充分融汇，衔接“古老”和“新”的“旧”所生发的朴茂美感，那是既有的文化经验转向新世界的过程中所萌发的某种独特感性。

什么才是“建筑与时间”？“Veni！Vedi！Vici！”（我来了！我看到了！我征服了！）那是在泽拉战役后恺撒写给元老院的名言，我以类似的方式回答以上的问题：没有空间，改变了的时间就已经是空间。我使用的不仅是现在时也是现在完成时，“Vixere”，是“我（他）们来过”。

2023年于清华园